친구에게만 알려주고 싶은

수학시크릿

친구에게만 알려주고 싶은
수학 시크릿

{ 네가미 세이야 지음 · 고선윤 옮김 }

바다출판사

예전에 나는 '수학 탐정 세이야'라는 별명으로 활동한 적이 있다. 그것은 일본 후지 TV 〈가차가차폰〉이라는 프로그램에 등장하는 캐릭터였다. 그 프로그램은 중학생을 위한 교육 프로그램으로, 2005년 4월부터 1년간 방송되었다. 그 기간 중 '세이야'로 활약한 것은 4월부터 9월까지 반년이다.

'세이야'가 등장하는 코너는 매회 겨우 2분 30초. 이런 짧은 시간 속에서 코미디적 상황을 설정하고, 거기서 수학 문제를 찾아 해결해야 했다. 그때에는 일반적으로 수학 선생님이 하는 것처럼 칠판에 수식을 적으면서 계산하고 답을 내는 일은 할 수가 없었다. 처음부터 그렇게 했다면, 시청자들은 바로 채널을 돌려 버렸을 것이다.

그래서 나는 복잡한 계산을 하지 않고도 누구나 알 수 있는 해법을 제시하기 위해서 머리를 쥐어짜기 시작했다. 그렇다고 그것이 대단히 고통스러운 일은 아니었다. 나는 프로그램을 시작하기 훨씬 전부터 '눈으로 보면 바로 알 수 있는 것이 중요하다'는 생각으로 수학을 재해석해야 한다고 주장하고 있었다.

세상에는 수학을 잘하지 못한다고 생각하는 사람이 참 많다. 그러나 그것은 어디까지나 학교에서 치른 수학 시험에서 좋은 점수를 받지 못한 것일 뿐이다. 사실은 누구나 수학을 잘할 수 있는 능력을 가지고 있다.

실제로 어린아이들의 행동은 아주 수학적이다. 장난감과 과자의 수를 세거나 블록으로 여러 모양을 만들거나 어른도 당할 수 없을 정도의 이론을 가지고 엄마에게 불만을 토로하거나…… 계산의 의미도 알고, 도형 처리도 가능하고, 논리적 사고도 가능하다. 그러나 이것을 학교에서 배우는 수학 스타일로 실행하면, 잘할 수 있는 아이도 있고 잘하지 못하는 아이도 있다.

그래서 학교에서 배우는 수학의 약속이나 공식 등은 무시하고, 인간이 본래 가지고 있는 수학적 능력에 직접적으로 호소하는 표현으로 수학을 전개해 나가면 어떻게 될지 생각해 보았다. 나는 이런 생각을 가지고 많은 활동을 해왔다. '수학 탐정 세이야'도 그 일환이었다.

　요컨대 수식 같은 것은 사용하지 않고 그림을 그리기도 하고 간단한 계산을 하기도 하면서 제대로 된 언어로 생각하는 것이다. 이런 태도로 실행할 수 있는 수학의 존재를 여러분들도 알 수 있다면 좋겠다. 이것이야말로 지금까지 수학을 잘하지 못한다고 생각한 사람들도 '즐길 수 있는 수학'이다. 이 책은 바로 이런 것들로 가득 차 있다.

　수학 교과서에 실린 것과 똑같은 공식도 등장하지만 그 해법은 학교에서 배운 것과 전혀 다르다. 계산 문제일지라도 계산하지 않고 보는 것만으로도 그것을 알 수 있는 해법을 제시할 것이다.

　학교에서 배우지 않는 새로운 문제도 많이 등장할 것이다. 그래서 수학을 잘한다고 생각하는 사람일지라도 좀처럼 답을 구하지 못하는 경우도 있을 것이다. 그럴 때는 고민하지 말고 내가 제시한 해법을 봐주기 바란다. 그 해법이 얼마나 멋진 것인지 확인할 수 있을 것이다. 그리고 직접 문제를 해결했다고 해법을 보지 않고 바로 다음 문제로 넘어가지 않도록 한다.

아마 내가 제시한 해법을 본 여러분은 그것을 누군가에게 알려주고 싶다고 생각할 것이다. 필사적으로 암기한 공식을 사용하는 것도 아니고, 또한 귀찮은 계산을 하는 것도 아니다. 그렇다고 결코 간단하지도 않다. 어쨌든 종이에 이것저것 그림을 그려서 설명 가능한 것들이다. 이것이 바로 '친구에게만 알려주고 싶은 수학 시크릿'이다.

2007년 11월
네가미 세이야

차례

|제1장|

총합의 공식

생각하면

두뇌는 활발하게
움직일 것이다

총합의 공식이란, 어떤 규칙에 따라 나열한 수의 합계를 구하는 공식이다. 기본적인 것은 고등학교에서 공부하는데 수학 교과서에 나와 있는 그 설명을 여러분들은 잘 이해할 수 있었는가? 여기서는 수학 선생님과는 전혀 다른 방법으로 총합의 공식을 설명할 것이다. 아마 여러분 중에는 '이렇게 설명해 주었다면 나도 잘할 수 있었을 텐데……'라고 생각하는 사람도 있을 것이다. 이 중에는 머리를 쓰는 것도 있긴 하지만, 그 아이디어만큼은 사람들에게 알려주고 싶어질 것이다.

순서대로 나열한 열 개의 수를 더한다

13에서 22까지 순서대로 나열한 열 개의 수를 더하면 얼마가 될까? 물론 답을 구하는 것은 간단하다. 순서대로 나열한 열 개의 수를 순식간에 더할 수 있는 비법이 있다. 아래의 예를 보고 그 비법을 발견해 보자.

13+14+15+16+17+18+19+20+21+22=175
16+17+18+19+20+21+22+23+24+25=205
27+28+29+30+31+32+33+34+35+36=315
45+46+47+48+49+50+51+52+53+54=495
78+79+80+81+82+83+84+85+86+87=825

예제를 보고 뭔가를 발견했는가? 아마 '어느 답이나 일의 자리의 수가 5이다' 는 것은 알았을 것이다.

여기서는 덧셈의 답에서 일의 자리 수 '5' 를 뺀 수에 주목해 보자. 그 수는 등식의 좌변 어딘가에 있었다.

$$13+14+15+16+17+18+19+20+21+22=175$$
$$16+17+18+19+20+21+22+23+24+25=205$$
$$27+28+29+30+31+32+33+34+35+36=315$$
$$45+46+47+48+49+50+51+52+53+54=495$$
$$78+79+80+81+82+83+84+85+86+87=825$$

두 개의 부분이 같은 수구나!

16

이것을 염두에 두고, 위의 덧셈식을 관찰하면 재미난 사실을 알 수 있다. 즉 답에서 일의 자리 수인 '5'를 제거하면, 그 수는 항상 좌변의 다섯 번째 수라는 사실이다. 이것은 반대로 좌변의 다섯 번째 수에 5를 추가하면 열 개의 수를 더한 것의 답이 된다는 것이다. 그 이유는 무엇일까?

　이유를 다음과 같이 생각하면 간단하다. 먼저 열 개의 수를 모두 더하고 10으로 나누어 보자. 값은 열 개 수의 평균이다. 평균이란 한가운데의 값을 말하는데, 이 사실은 초등학생들도 알고 있다. 열 개의 수를 순서대로 나열했을 때, 왼쪽에서 다섯 번째와 여섯 번째 사이가 한가운데라는 것은 분명하다. 이를테면 13에서 22까지 열 개의 수일 경우, 17과 18 사이. 따라서 평균 값은 17.5이다. 이것의 열 배가 처음에 구하고자 했던 열 개 수의 총합이 되는 것이다.

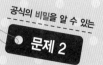

1에서 1000까지를 더한다

1에서 10까지 더하면 55, 1에서 100까지 더하면 5050. 여러분도 이 정도는 알고 있을 것이다. 그렇다면 1에서 1000, 1에서 10000까지 덧셈의 범위를 넓혀 가면 어떻게 될까?

아래의 그림을 참고로, 답을 구하는 방법을 생각해 보자.

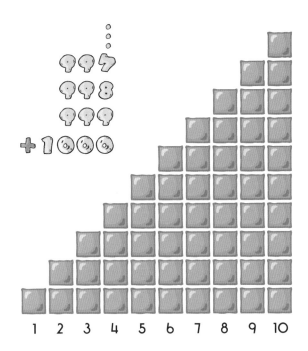

 평균을 생각한다

● 문제 1 과 같은 방법으로 생각하면, 1에서 10까지 수의 총합은 1에서 10까지 수의 평균을 열 배하는 것으로 구할 수 있다. 그 평균은 한가운데의 수이므로 5.5이다. 그것을 열 배하면 55가 된다.

1에서 100까지 수의 총합도 같은 방법으로 생각하면 된다. 1에서 100까지의 수를 전부 더하고 100으로 나누면 평균이 된다. 평균은 한가운데의 수를 말하는 것이니 50.5임을 알 수 있다. 이것을 백 배하면 처음에 구하고자 했던, 즉 1에서 100까지 수의 총합이 된다. 그래서 답은 5050이다.

1에서 1000까지의 수를 더하면 500500, 1에서 10000까지의 수를 더하면 50005000. 두 개의 5를 구분하는 0의 개수가 하나씩 늘어난다는 사실을 쉽게 알 수 있을 것이다.

 일반적인 공식을 만들어 보자

평균(=한가운데의 수)이 5.5, 50.5, 500.5라는 사실은 직관적으로 알 수 있지만 그것을 제대로 구하려면 어떻게 해야 할까? 실제로 열 개, 백 개, 천 개의 수를 더하고 10, 100, 1000으로 나누면 되는데, 그렇게 계산한다면 일의 앞뒤가 뒤바뀐 것과 같다.

수를 순서대로 나열했을 때 평균(=한가운데의 값)이 한가운데에 위치하는 것은, 같은 간격을 가진 수가 나열되어 있기 때문이다. 만약 큰 쪽의 수가 몇 개 빠져 있다면 평균값은 한가운데에서 왼쪽으로 치우칠 것이고, 작은 쪽의 수가 몇 개 빠져 있다면 평균값은 오른쪽으로 치우칠 것이다. 그런 치우침이 없기 때문에 평균은 한가운데의 값인 것이다.

게다가 같은 간격의 수가 나열되어 있기 때문에 한가운데의 값은 처음 수와 마지막 수의 평균이기도 하다. 실제로 1과 10을 더하고 2로 나눈 수가 5.5, 1과 100을 더하고 2로 나눈 수가 50.5, 1과 1000을 더하고 2로 나눈 수가 500.5이다. 그러므로 1에서 1000까지 더한다면, 다음과 같은 식으로 계산할 수 있다.

$$1+2+\cdots+9999+10000=\frac{10000+1}{2}\times10000$$
$$=5000.5\times10000$$
$$=50005000$$

이 방법이 이해되었다면, 10이나 100처럼 딱 떨어지는 수가 아니더라도 1에서 그 수까지의 수를 더하면 어떻게 되는지 알 수 있다. 그 수를 n이라고 하면 다음과 같은 공식을 만들 수 있다.

자연수 총합의 공식
$$1+2+\cdots+n=\frac{n(n+1)}{2}$$

삼각형 면적의 공식

　여기까지의 이야기는 '계단 모양으로 쌓은 블록을 가지고 생각해 보시오'라는 과제와 관계없는 것처럼 보일지도 모른다. 그러나 그렇지 않다. 사실 옆쪽 아래에 있는 총합의 공식을 잘 보면 그 관계를 짐작할 수 있다.

　총합의 공식은 '무언가와 무언가를 곱하고 2로 나눈다'는 모양을 하고 있다. 여러분은 이와 같은 모양의 공식을 이미 본 적이 있을 것이다. 바로 삼각형 면적을 구하는 공식이다.

$$삼각형\ 면적 = \frac{밑변 \times 높이}{2}$$

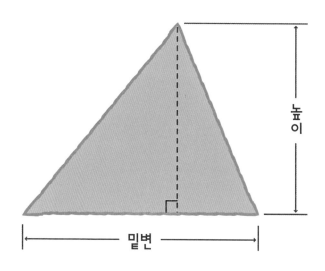

삼각형 면적의 공식을 염두에 두고 계단 모양으로 쌓은 블록을 다시 보면, 삼각형으로 보일 것이다. 물론 이 블록의 수를 세면 1에서 10까지 총합의 값을 구할 수 있다. 블록 하나의 면적을 1이라고 하면, 블록 전체의 면적이 총합의 값과 일치한다. 그렇다면 삼각형 면적을 구하는 것으로 총합을 구할 수 있지 않을까?

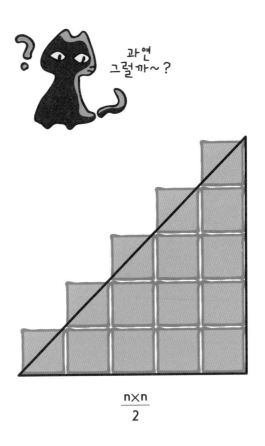

$$\frac{n \times n}{2}$$

단순하게 생각하면 가로에 블록 n개, 세로에 n개 나열되어 있으므로 밑변=n, 높이=n이라고 해석할 수 있다. 그런데 옆쪽 아래의 그림(n=5로 그려져 있다)처럼, 삼각형에는 계단의 모서리 부분이 포함되어 있지 않다. 튀어나온 부분을 모두 더해서 합하면 된다고 생각할 수도 있지만, 처음부터 높이를 1 크게 한 삼각형(아래의 그림)을 생각해 보자. 그러면 튀어나온 부분과 빨간 여분의 부분이 딱 들어맞는다는 사실을 알 수 있다. 따라서 이 삼각형의 면적이 블록 전체의 면적과 일치한다.

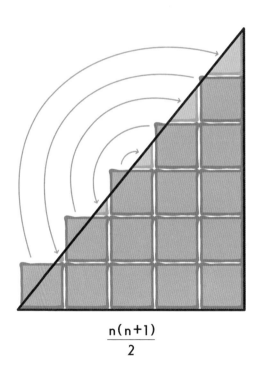

$$\frac{n(n+1)}{2}$$

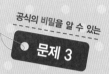

피라미드의 부피

그림과 같이 정육면체의 돌을 쌓아 10단 피라미드를 만들려고 한다. 각각의 부피를 1이라고 했을 때 완성된 피라미드의 부피는 얼마일까?

꼭대기에는 1개, 위에서 두 번째 단에는 4개, 세 번째 단에는 9개, 네 번째 단에는 16개, 각 단마다 그 단의 수를 제곱한 수의 돌이 깔려 있다. 따라서 가장 아래에는 10×10＝100개의 돌이 깔려 있다.

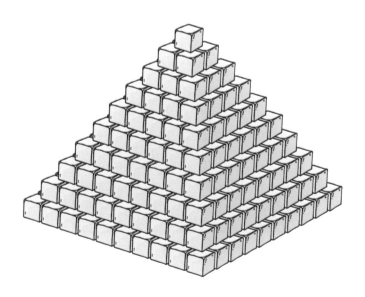

문제 3 을 생각하는 힌트

🔘 입체 퍼즐에 도전!

  갑자기 10단 피라미드를 가지고 생각하는 것은 어려우니, 먼저
3단 피라미드로 생각해 보자. 또한 아래의 오른쪽 그림과 같이
모양을 조금 바꾸어 보자. 쌓아 올리는 위치를 조금 옮겼을 뿐이
라 부피는 달라지지 않는다.

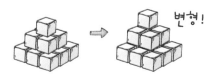

  여기서 문제! 오른쪽의 변형 피라미드 여섯 개를 이용해서 직
육면체를 만들어 보시오. 그 직육면체의 크기는 3×4×7이 된다.

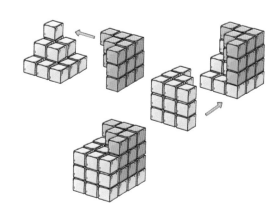

입체 퍼즐을 종이 위에 표현하는 것은 상당히 복잡하지만 그래도 열심히 그려 본 것이 앞 쪽의 아래에 있는 그림이다. 그림에는 변형 피라미드 세 개가 하나의 모양을 만들고 있다. 이와 똑같은 모양을 한 세트 더 만든 다음, 거꾸로 해서 위에 올리면 직육면체를 완성할 수 있다.

앞 쪽에 있는 직육면체 절반의 구조를 잘 관찰해 보자. 정육면체를 4×4로 나열해서 만든 부품(4×4×1)을 앞 쪽의 모양(직육면체의 절반)의 밑면, 오른쪽 측면, 앞면에 각각 하나씩 추가하면 크기가 하나 큰 같은 모양(아래 그림)을 만들 수 있다. 이 모양 역시 4단 변형 피라미드 세 개로 분해할 수 있고, 똑같은 모양을 한 세트 더 만든 다음 거꾸로 해서 위에 올리면 직육면체(4×5×9)를 만들 수 있다.

이와 같은 방법으로 밑면, 오른쪽 측면, 앞면에 크기를 키운 부품을 추가해 가는 조작은 얼마든지 가능하다. 이것은 몇 단의 변형 피라미드라도 그것을 여섯 개 조합하면 항상 직육면체를 만들 수 있다는 것을 의미한다. 이 직육면체 밑면의 크기는 스텝이 하나 늘어날 때마다, 가로 세로 1씩 늘어난다. 한편 모양의 절반의 높이도 1씩 늘어나니, 그것을 두 개 조합해서 만드는 직육면체의 높이는 두 배씩 늘어난다.

　이 사실을 이해했다면, n단의 변형 피라미드 여섯 개로 만들 수 있는 직육면체의 크기는 다음과 같은 식으로 나타낼 수 있다.

$$n \times (n+1) \times (2n+1)$$

　물론 이 식은 직육면체의 부피를 나타낸다. 따라서 이 값을 6으로 나누면 n단 피라미드 한 개의 부피를 알 수 있다. 100단 피라미드의 부피는 $(100 \times 101 \times 201) \div 6 = 2030100 \div 6 = 338350$이다.

제곱수 총합의 공식을 만든다

한편 n단의 변형 피라미드의 부피가, 1에서 n까지의 자연수의 제곱을 더한 값과 같다는 것은 명백하다. 이것으로 다음과 같은 제곱수 총합의 공식을 도출할 수 있다.

제곱수 총합의 공식

$$1^2+2^2+\cdots+n^2=\frac{1}{6}n(n+1)(2n+1)$$

이해가 됩니까?

공식의 비밀을 알 수 있는

● 문제 4 　 제곱수 총합의 공식

1에서 n까지의 자연수를 제곱한 다음 더한 값은 아래의 공식
으로 구할 수 있다. 그런데 조금 복잡한 모양을 하고 있어서 기억
하기가 쉽지 않다. 그러니 직사각형 면적에 비유해서 이 공식을
이해하기 바란다. 즉 면적이 1^2, 2^2, $\cdots$, n^2인 부품을 조합해서, 공
식의 우변의 면적을 가지는 직사각형을 만들어 보자.

$$1^2+2^2+\cdots+n^2=\frac{1}{6}n(n+1)(2n+1)$$

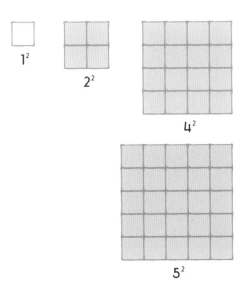

1^2

2^2

4^2

5^2

공식의 우변을 다음과 같이 분해해 보자.

$$\frac{1}{3} \times \frac{n(n+1)}{2} \times (2n+1)$$

이렇게 분해를 하면, 면적이 1^2, 2^2, $\cdots$, n^2인 부품을 세 개씩 이용해서 가로는 2분의 $n(n+1)$이고, 세로는 $2n+1$인 직사각형을 만들 수 있다. 이 부품은 한 변의 길이가 1, 2, $\cdots$, n인 정사각형이라고 말하고 싶지만, 그건 무리일 것이다. 다음 직사각형을 보라.

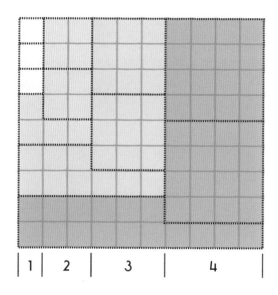

| 1 | 2 | 3 | 4 |

각각의 크기의 정사각형은 두 개씩 있다. 그리고 L자 모양의 부품이 있다. 가로의 길이는 1에서 n까지의 자연수의 총합이므로, 2분의 n(n+1)이다. 세로는 하나의 칸을 가진 정사각형이 세 개 있고, 그다음부터는 두 개씩 늘어난다. 그래서 2n+1이다. L자 모양의 부품의 면적도 제곱수라는 사실은 다음과 같이 해서 확인할 수 있다.

　　L자 모양 상단에 나열된 정사각형의 개수는 1에서 n-1까지의 총합, 아래에 나열된 정사각형의 개수는 1에서 n까지의 총합이다. 이 두 개를 더하면 다음과 같다.

$$\frac{(n-1)n}{2}+\frac{n(n+1)}{2}=n^2$$

헷갈리는데…

문제 5 세제곱수 총합의 공식

1에서 n까지의 자연수를 세제곱하고 더한 값은 아래의 공식으로 구할 수 있다. 이 공식을 자세히 보니, 우변은 '1에서 n까지의 자연수 총합의 공식'을 제곱한 것이다. 여기에는 뭔가 깊은 의미가 있을 것 같다. 사실 초등학교 때 본 구구단표 속에 그 비밀이 있다. 그것을 해명해 보자.

$$1^3+2^3+\cdots+n^3=\left(\frac{n(n+1)}{2}\right)^2$$

	1	2	3	4	5	6	7	8	9
1	1	2	3	4	5	6	7	8	9
2	2	4	6	8	10	12	14	16	18
3	3	6	9	12	15	18	21	24	27
4	4	8	12	16	20	24	28	32	36
5	5	10	15	20	25	30	35	40	45
6	6	12	18	24	30	36	42	48	54
7	7	14	21	28	35	42	49	56	63
8	8	16	24	32	40	48	56	64	72
9	9	18	27	36	45	54	63	72	81

 구구단표를 살핀다

이야기를 간단하게 하기 위해서 구구단표에서 3×3까지의 부분만 도려냈다. 그리고 1×1의 칸, 2와 관계가 있는 칸, 3과 관계가 있는 칸을 색으로 나누었다. 이것을 통해 무엇을 알 수 있을까?

1	1	1
1	2	3
2	4	6
3	6	9

그 답을 알기 위해서 다음 식의 전개를 살펴보기 바란다. 우변에 나열된 곱셈의 답은 바로 구구단표에 나열되어야 할 수들이다.

$$(1+2+3) \times (1+2+3) = 1×1 + 1×2 + 1×3$$
$$+ 2×1 + 2×2 + 2×3$$
$$+ 3×1 + 3×2 + 3×3$$

좌변은 1에서 3까지의 총합의 제곱이므로, '세제곱수 총합의 공식'의 우변 그 자체이다. 여기서 우변의 곱셈의 총합이 $1^3+2^3+3^3$이라는 사실을 이해했다면 좋을 것이다. 다음을 참고해 주기 바란다.

$$(1+2+3)\times(1+2+3)=\left(\frac{3(3+1)}{2}\right)^2=1^3+2^3+3^3$$

여기서 주목해야 하는 것은 구구단표에서 색으로 구분한 L자 모양의 부분이다. 여기에 나열된 수를 더하면 다음과 같다.

1
$2+4+2=2\times(1+2+1)$
$3+6+9+6+3=3\times(1+2+3+2+1)$

따라서 다음과 같은 등식이 성립한다면 좋을 것이다.

$$1+2+1=2^2 \qquad 1+2+3+2+1=3^2$$

실제로 기대한 바와 같다는 것은, 역시 구구단표를 옆쪽 그림과 같이 색으로 구분해 보면 알 수 있다. (여기서 칸 안의 숫자는 관계없다.) 사선으로 나열된 같은 색의 칸 수를 세어 보자. 1에서 시작해서 점점 늘어났다가 다시 감소해서 결국 1이 된다.

따라서 1에서 3까지 자연수의 세제곱의 총합이, 1에서 3까지 자연수의 총합의 제곱과 같다는 것을 알 수 있다. 3이 n일 뿐 그 구조는 같다.

정사각형을 만든다

　세제곱수 총합의 공식이 성립한다는 것은 알았지만 무언가 시원치 않다고 느끼는 사람도 있을 것이다. 공식의 우변이 제곱수라는 것은, 그것은 적당한 길이의 변을 가진 정사각형의 면적을 나타내고 있다는 것을 의미한다. 그렇다면 면적이 1^3, 2^3, ……, n^3의 부품을 조합해서 1변의 길이가 2분의 $n(n+1)$인 정사각형을 만들 수 있지 않을까? 그런데 세제곱수는 면적이 아니라 정육면체의 부피이다. 어떻게 해야 할까?

　따라서 부피가 n^3인 정육면체를 높이가 1인 정사각형 부품 n개로 분해해 보자. 그것을 나열해서 정사각형을 만들면 어떨까?

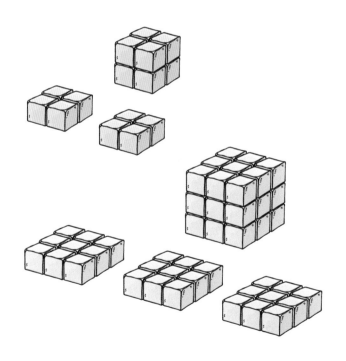

그런데 안타깝게도 변의 길이가 짝수인 경우는 하나의 부품을 둘로 나누어야만 목적한 정사각형을 만들 수 있다.

내가 생각한 답은 아래의 그림과 같다.

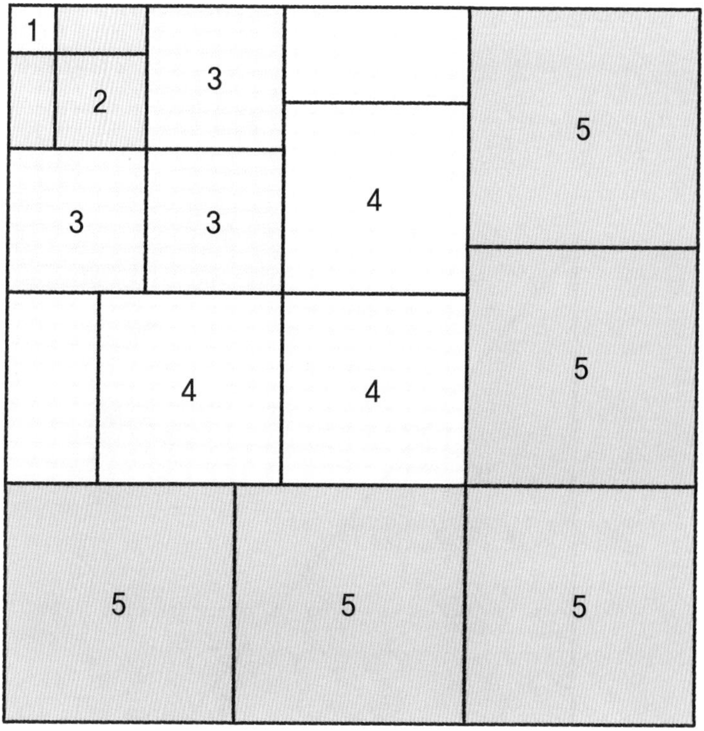

2의 거듭제곱의 총합

1에서 시작해서 두 배, 두 배를 반복한 수를 더해 보자. 등비수열 총합의 공식을 알고 있는 사람이라면 그 답이 아래와 같다는 것을 바로 알 수 있을 것이다. 그런데 여기서는 이런 공식을 모르는 사람이라도 간단하게 알 수 있는 방법을 고안해 보았다.

$$1+2+2^2+2^3+\cdots+2^{n-1}=2^n-1$$

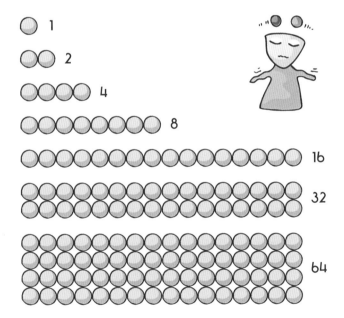

문제 6 을 생각하는 **힌트**

◆ **식을 만들어서 생각한다**

여기서는 식을 가지고 이해하는 방법을 소개한다. 그러나 수학 교과서에 있는 방법과는 다르다.

먼저 1을 빌려 와서 공식의 좌변에 더해 보자.

$$1+1+2+2^2+2^3+\cdots$$

1을 더했더니
2가 만들어졌다.

$$=2+2+2^2+2^3+\cdots$$

2가 두 개
있으니 정리하자.

$$=2\cdot2+2^2+2^3+\cdots$$

$$=2^2+2^2+2^3+\cdots$$

2^2가 두 개
있으니 정리하자.

$$=2\cdot2^2+2^3+\cdots$$

$$=2^3+2^3+\cdots$$

$$=2\cdot2^3+\cdots$$

$$=2^4+\cdots$$

이 계산을 반복하면 마지막에는 2^n이 된다. 그런데 처음에 1을 빌려 왔기 때문에 그 1을 돌려주면 2^n-1이 된다.

이진법으로 생각한다

앞에서 한 계산은 9999에 1을 더하는 계산과 어딘가 비슷해 보이지 않는가? 9999+1을 실행하면 일의 자리부터 차례차례 올림해서 마지막에는 $10000=10^4$이 된다. 여기서 더한 1을 빼면 $9999=10^4-1$이 된다는 것을 알 수 있다. 물론 십진법에 익숙한 우리들에게 이 등식은 너무나 당연하다. 그런데 이진법으로 생각하면 어떻게 될까?

원래 이진법이란 1, 2, $2^2=4$, $2^3=8$, $2^4=16$, …… 이라는 2의 거듭제곱을 이용해서 수를 표현하는 방법이다. 예를 들어 13은 $13=8+4+1$이므로 다음 등식이 성립한다.

$$13=1 \cdot 2^3 + 1 \cdot 2^2 + 0 \cdot 2 + 1 \cdot 1$$

요컨대 사용하는 수 앞에는 1, 사용하지 않는 수 앞에는 0이 놓인다. 그리고 이 사실을 다음과 같이 나타낸다.

$$13 = 1101_{(2)}$$

끝의 (2)는 이 표현이 이진법이라는 것을 의미한다.

그렇다면 13에 1을 더해 보자. 이진법에서 $1+1=2$는 다음 자리로 1 올림한다는 사실에 주의하자.

$$1101_{(2)} + 1_{(2)} = 1110_{(2)}$$

그렇다면 1이 n개 이어지는 이진수에 1을 더하면 어떻게 될까?

$$111\cdots1_{(2)} + 1_{(2)} = 1000\cdots0_{(2)}$$

즉 일의 자리에서 발생한 올림이 다음 자리의 수를 올림하게 하고, 그것이 왼쪽으로 이어져서 더 이상 1이 없는 곳에 1을 만든 다음 종료한다.

여기서 더한 1을 우변에 이항하면 다음과 같은 식이 만들어 진다.

$$111\cdots1_{(2)} = 1000\cdots0_{(2)} - 1_{(2)}$$

이진법의 의미를 생각하면서 이 식을 다시 적으면, 문제에서 제시한 2의 거듭제곱의 총합 공식이 만들어진다.

요컨대 이 공식은, 1이 n개 이어지는 이진수는 1의 뒤에 0이 n 개 이어지는 이진수의 하나 앞의 수라고 말하고 있는 것이다. 우리들이 이진수에 익숙해져 있다면 증명할 필요도 없는 식이다.

계산 이야기가 나왔으니, 다른 공식의 경우와 마찬가지로 면적으로 생각하는 방법도 살펴보자. 아래의 그림에서 지수가 짝수인 것은 $2^n \times 2^n$의 정사각형이고, 지수가 홀수인 것은 세로가 가로의 두 배인 $2^n \times 2^{n+1}$의 직사각형이다. 역시 면적이 1인 정사각형을 하나 추가하는 것으로 완벽한 정사각형이 완성되었다.

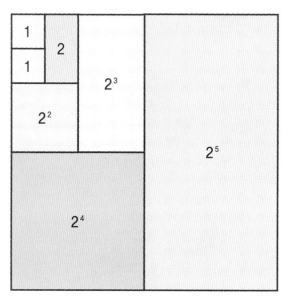

|제2장|

수를 세는 방법 연구

수학의 기본은
사물의 개수를 세는 일!

산수·수학의 기본은 사물의 개수를 세는 일이다.
그런데 1, 2, 3, 4라는 숫자를 외는 것만으로는
재미가 없다. 구조나 장치에 주목을 해서 사물을
세는 방법을 연구해 보자.

여기서 소개하는 문제는, 단순히 답을 구하는 것
만이라면 상당히 간단하다. 그런데 내가 제시한
해법을 보면, 여러분들은 '과연, 그렇구나!'라고
외칠 것이다.

셈돌을 세는 방법 1

아래와 같이 셈돌(유리구슬)이 있다. 셈돌은 몇 개일까? 물론 한 개씩 세면 답은 바로 나온다. 셈돌이 나열된 모양을 주목한 다음, 잘 셀 수 있는 방법을 찾아보기 바란다. 셈돌을 예쁜 색으로 나누어 보면 바로 찾을 수 있을 것이다.

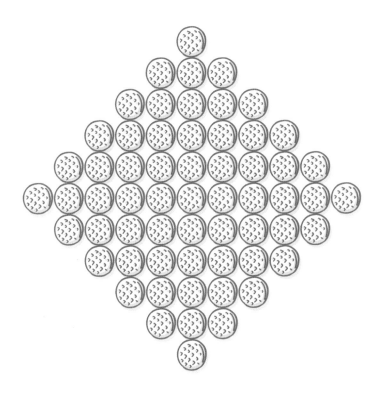

문제 1 을 생각하는 힌트

모양을 그대로 두고 바라보면 1개, 2개, 3개로 증가하다가 11
개가 된 곳에서부터 줄어들기 시작한다. 그래서 셈돌 전체를 45
도 회전한 다음, 아래의 그림과 같이 노란색과 초록색으로 나누
어 보자.

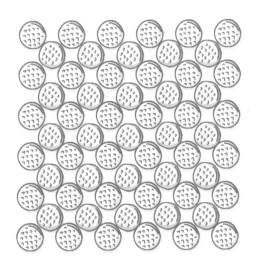

먼저 노란색에만 주목하면 6×6의 정사각형이 보인다. 한편 초
록색에만 주목하면 5×5의 정사각형이 보인다. 셈돌의 개수는
다음과 같다.

$$6 \times 6 + 5 \times 5 = 36 + 25 = 61(개)$$

셈돌을 세는 방법 2

아래의 그림과 같이 세 가지 색깔의 셈돌이 질서 정연하게 나열되어 있다. 셈돌은 모두 몇 개일까?

물론 색을 나눈 다음, 수를 세는 방법도 있다. 그러나 여기서는 색을 무시하고 좋은 방법을 생각해 보기 바란다.

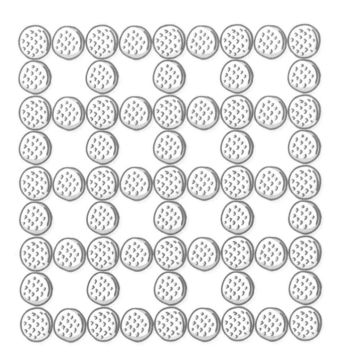

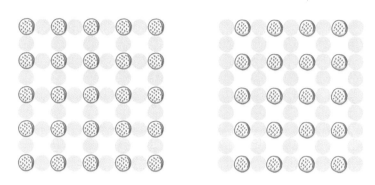

셈돌의 색에 주목한 다음 같은 색의 셈돌끼리 나누어 보면, 위의 그림과 같다. 그림을 보면, 셈돌의 개수를 다음과 같은 식으로 구할 수 있다.

$$5 \times 5 + 4 \times 5 + 5 \times 4 = 25 + 20 + 20 = 65(개)$$

그러나 생각을 바꾸어서 뺄셈을 하면, 더 확실한 해법이 있다.

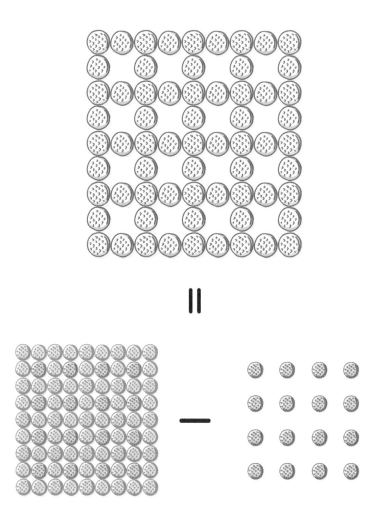

$$9 \times 9 - 4 \times 4 = 81 - 16 = 65(개)$$

토너먼트의 시합 수

　시크릿 고등학교 야구 선발대회에는 32개의 고등학교가 참가한다. 이 대회에서 우승이 정해지기까지는 몇 번의 시합을 해야 할까?

예를 들어 아래와 같이 A, B, C, D 4팀이 토너먼트 시합을 했다고 하자. 제1회전에서는 A와 D가 지고, B와 C가 결승전에 진출한다. 그리고 B가 이겨서 우승한다.

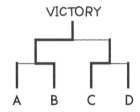

VICTORY

A   B   C   D

여기서 벌어지는 시합 수와 그 시합에서 진 팀의 수를 서로 짝지어 보자. 그러면 어느 팀이나 어딘가에서 한 번은 지기 때문에 진 팀의 수와 시합 수는 일대일로 대응한다. 따라서 진 팀의 총수와 시합의 총수는 같다.

한편 우승한 팀은 단 하나이므로, 진 팀의 총수는 참가하는 팀의 총수에서 우승한 팀 1을 뺀 값과 같다. 즉 참가하는 팀의 총수에서 1을 뺀 값이 토너먼트의 시합 수와 일치하는 것이다. (토너먼트의 시합 수=진 팀의 총수=[참가하는 팀의 총수-1]) 이 이론은 참가하는 팀의 수가 몇이건 상관없이 항상 성립한다.

따라서 시크릿 고등학교 야구 선발대회에서 벌어지는 시합의 수는, 참가하는 학교 32에서 1을 뺀 31이라는 사실을 알 수 있다.

대각선의 수

볼록 다각형을 그리고 그 대각선을 모두 이어 보자. 몇 개의 대각선을 그릴 수 있을까? 물론 구체적으로 그린 뒤 그 수를 세면 간단하지만 어떤 각형이라도 대응할 수 있는 방법을 생각해 보자.

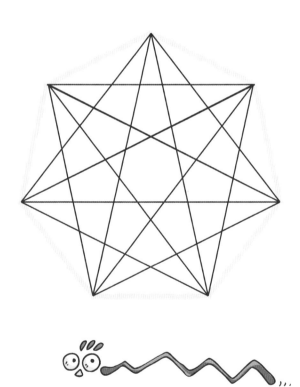

여러 방법이 있지만 다음과 같이 생각을 해보면 어떨까?

먼저 하나의 꼭짓점에서 나온 선이 몇 개인지 센다. 아래의 그림의 경우는 네 개씩이다. 이것을 세었다는 증거로 ●를 찍어 둔다. 꼭짓점이 일곱 개이므로 ●의 총수는 7×4=28이다. 한편 하나의 대각선에는 ●가 두 개씩 있다. 따라서 28을 2로 나눈 값이 대각선의 수와 일치한다고 할 수 있다.

이 생각을 이해했다면, 일반 n각형의 대각선 개수도 간단하게 구할 수 있다. n각형 각각의 꼭짓점은, 자신과 바로 이웃한 양쪽의 꼭짓점을 제외한 n-3개의 꼭짓점과 대각선을 긋는다. 이와 마찬가지로 ●를 찍어 가면, 전부 n(n-3)개가 된다. 이것을 2로 나누면 대각선의 수가 된다.

$$\text{볼록 } n\text{각형의 대각선 수} = \frac{n(n-3)}{2}$$

대각선 교점의 수

●문제 4 와 마찬가지로 볼록 다각형을 그린 뒤 그 대각선을 모두 그려 보자. 이번에는 대각선끼리의 교점을 세어 보자. 단 모든 교점은 십자 모양이라고 하자. 아래의 그림과 같은 칠각형의 교점은 모두 십자 모양이지만 일반적으로는 세 개 이상의 대각선이 한 점에서 만나기도 한다. 이럴 경우에는 다각형 자체를 조금 일그러뜨려서 모든 교점이 십자 모양이 되도록 만든 다음 생각해 보자.

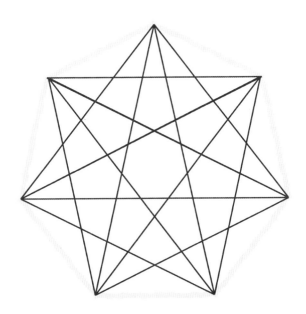

문제 5 를 생각하는 힌트

이 문제의 포인트는 대각선의 교점을 무엇에 대응해야 하는가
이다.

먼저 하나의 교점에 주목하자. 이 교점에는 두 개의 대각선(아래
의 오렌지색 선분)이 교차하고 있다. 이 대각선의 끝점(○를 그린다)
은 모두 네 개이다. 이 네 개의 점은 몇 개의 대각선을 가지고 있
지만 그중에서 교차되고 있는 것은 처음에 주목한 것밖에 없다.

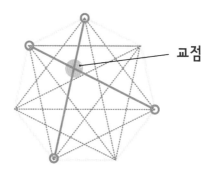

교점

다각형의 꼭짓점 중에서 네 개를 선택했을 때, 하나의 교점이
정해진다. 이 사실에 주목하면, n각형 대각선끼리의 교점의 개수
는 다음과 같은 식으로 나타낼 수 있다.

$$_nC_4 = \frac{n(n-1)(n-2)(n-3)}{4 \cdot 3 \cdot 2 \cdot 1}$$

● 문제 6   정다면체 변의 수

입체도형 중 정다면체는 모두 다섯 종류이다. 각각의 이름과 꼭짓점, 변수, 면수를 표로 정리해 보았다. 빈칸을 채워 보자.

정다면체	면의 모양		꼭짓점	변수	면수
정사면체	정삼각형		4	6	4
정육면체	정사각형		8	12	6
정팔면체	정삼각형		6	12	8
정십이면체	정오각형		20	◯	12
정이십면체	정삼각형		12	◯	20

정십이면체

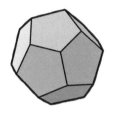

이것은 정오각형을 열두 개 짜 맞추어 만든 입체이다. 정오각형에는 변이 다섯 개 있다. 그러므로 정십이면체에는 $5 \times 12 = 60$개의 변이 있다고 할 수 있다. 그런데 이렇게 세면, 어느 변이나 두 번 세는 꼴이 되기 때문에 변의 수는 그 절반인 30개이다.

$$\frac{5 \times 12}{2} = \frac{60}{2} = 30$$

정이십면체

이것은 정삼각형을 스무 개 짜 맞추어 만든 입체이다. 정삼각형에는 변이 세 개 있다. 그러므로 $3 \times 20 = 60$개의 변이 있다. 그런데 이렇게 세면, 이것 역시 어느 변이나 두 번 세는 꼴이 되기 때문에 변의 수는 그 반이다.

$$\frac{3 \times 20}{2} = \frac{60}{2} = 30$$

직사각형의 수

아래의 그림과 같이 격자 모양으로 배치된 점이 있다. 왼쪽으로 갈수록 하나씩 늘어나 마지막에는 열 개의 점이 있다. 이 격자 모양의 점 가운데 네 개를 선택하고, 그것을 꼭짓점으로 하는 직사각형을 만들어 보자. 과연 몇 개의 직사각형을 만들 수 있을까? 직사각형의 변은 반드시 수평·수직이어야 한다.

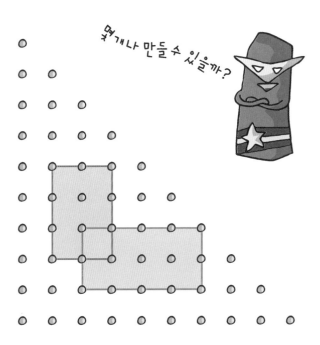

문제 7 을 생각하는 힌트

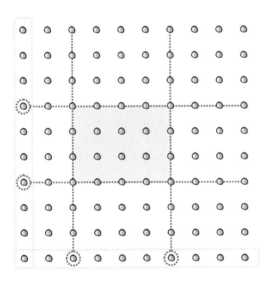

먼저 점이 정사각형 모양으로 배치된 경우를 생각해 보자. 여기서 하나의 직사각형에 주목하고, 그 각 변을 상하좌우로 연장한 모양을 상상해 보자. 그러면 수직인 변을 아래 끝까지 연장한 곳에 점이 두 개, 수평인 변을 왼쪽 끝까지 연장한 곳에 점이 두 개 정해진다.

반대로 격자 모양으로 배치된 점의 가장 아랫단에 줄지어 있는 열 개의 점 중에서 두 개를 선택하고, 거기에서 위로 직선을 긋는다. 또한 왼쪽 끝에 세로로 나열한 열 개의 점 중에서 두 개를 선택하고, 거기에서 오른쪽으로 직선을 긋는다.

이때 네 개의 직선은 네 개의 교점을 만드는데, 이 네 개의 교점을 꼭짓점으로 하는 직사각형이 하나 만들어진다.

즉 최하단의 가로 1열의 열 개의 점 중 두 개, 왼쪽 끝의 세로 1열의 열 개의 점 중 두 개를 선택하는 방법과, 목적한 직사각형을 만드는 수는 일대일로 짝을 이룬다. 이 사실을 바탕으로 직사각형의 총수는 다음과 같은 식으로 나타낼 수 있다. 식을 어떻게 만드는가보다 일대일로 짝을 이루는 방법에 더 관심을 가지기 바란다.

$$_{10}C_2 \times {_{10}C_2} = \frac{10 \cdot 9}{2 \cdot 1} \times \frac{10 \cdot 9}{2 \cdot 1}$$
$$= 45 \times 45$$
$$= 2025$$

다시 처음의 문제로 돌아간다. 먼저 직사각형의 네 변을 연장하면 어떻게 될까?

이 경우에도 직사각형을 하나 정하면 최하단에서 두 개의 점, 왼쪽 끝에서 두 개의 점이 정해진다. 그런데 최하단에서 두 개의 점, 왼쪽 끝에서 두 개의 점을 먼저 선택하고 직사각형을 만드는

정말 좋은 생각이라고 생각하지 않습니까?

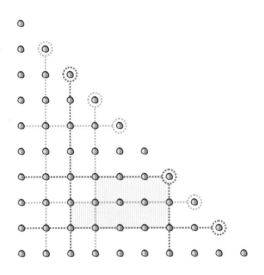

방법으로는 영역에서 벗어난 곳에 직사각형이 만들어지기도 하기 때문에, 목적한 직사각형의 수와 일대일 대응이 실현되지 않는다.

그래서 이제까지와는 반대로 직사각형의 변을 위와 오른쪽으로 연장해 보자. 그러면 사선으로 나열된 열 개의 점 가운데 몇 개가 지정된다. 이 사선 위의 점을 하나의 꼭짓점으로 하는 직사각형의 경우는 세 개의 점이 지정되고, 이 사선 위의 점을 꼭짓점으로 하지 않는 경우는 네 개의 점이 지정된다. (직사각형의 한 꼭 짓점이 사선 위에 있는 점이라는 것은, 이 점은 두 변의 연장선상의 점의 역할을 한다는 뜻이다.)

반대로 사선의 열 개의 점 중에서 네 개 혹은 세 개의 점을 선택하면, 이와 대응해서 직사각형이 하나 만들어진다. 이런 관계를 생각하면, 목적한 직사각형의 총수는 다음과 같은 식으로 나타낼 수 있다.

$$_{10}C_4 \times {}_{10}C_3 = \frac{10 \cdot 9 \cdot 8 \cdot 7}{4 \cdot 3 \cdot 2 \cdot 1} + \frac{10 \cdot 9 \cdot 8}{3 \cdot 2 \cdot 1}$$
$$= 210 + 120 = 330$$

또 다른 방법으로 연구해 보자. 아래의 그림과 같이 사선으로 열한 개의 점을 추가해 보자. 어떤 경우에도 열한 개의 점 중에서 네 개를 선택하면 직사각형이 하나 만들어진다. 따라서 직사각형 의 총수는 다음과 같은 식으로 나타낼 수 있다. 당연히 같은 답이 나온다.

$$_{11}C_4 = \frac{11 \cdot 10 \cdot 9 \cdot 8}{4 \cdot 3 \cdot 2 \cdot 1} = 330$$

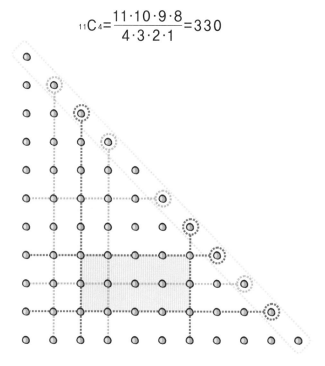

|제3장|

수의 마술

예로부터 수를
다뤄 온 것은
바로 나야!

여기서는 마치 마술과 같은 신기한 현상들을 모았다. 그러나 결코 마술이 아니다. 수학적 의미가 있는 현상이다. 트릭의 비밀을 알게 되면, 현상보다 수학적 조작에 흥미를 가질 것이다. 누군가에게 자랑하고 싶어지는 수의 마술을 즐겨보자.

손가락셈

먼저 왼손 손가락으로 8을 꼽아 보자. 이어서 오른손 손가락으로 7을 꼽아 보자. 양손에서 펴진 손가락의 수를 세고 그 수(5)를 기억한다. 그리고 좌우 구부린 손가락의 수를 곱하고 그 값(2×3=6)을 기억하자. 마지막으로 기억한 수들을 나열한다. 그것은 5와 6이다. 즉 56. 바로 7×8의 답이다. 어떻게 된 것일까?

문제 1 을 생각하는 힌트

다음 식의 전개를 생각해 보자.

$$(x-a)(x-b)=x^2-(a+b)x+ab$$
$$=(x-(a+b))x+ab$$

이 식에 $x=10$을 대입하면 아래와 같다. 또한 $a=2$, $b=3$이라고 생각하면, 이 식은 8×7을 계산한 것과 같다.

$$(10-a)(10-b)=(10-(a+b))10+ab$$

이 식을 다음과 같이 해석하면, 앞에서 소개한 손가락셈으로 6에서 9까지의 수를 곱한 것의 답을 구할 수 있다.

① a를 왼손의 구부린 손가락 수,
b를 오른손의 구부린 손가락 수라고 생각한다.

② 10-a는 왼손에서 꼽은 수,
10-b는 오른손에서 꼽은 수이다.

③ a+b는 양손의 구부린 손가락의 수이므로,
10-(a+b)는 양손에서 펴진 손가락의 수이다.

④ 그 값 10-(a+b)을 10배하면,
십의 자리 수가 된다.

⑤ 좌우 구부린 손가락의 수를 곱한 값 ab가
일의 자리 수이다.

다른 수로도 시험해 보자. ab의 값이 9보다 커서 십의 자리로
올림해야 하는 경우도 있다.

곱셈 기계

아래 그림의 X와 Y에 100에 가까운 수를 기입해 보자. 그리고 X와 Y를 곱한 값을 미리 계산해서 Z에 적어 보자. 그다음은 그림이 지시하는 대로 기입하면 된다. 여기서 ←는 '100에서 뺀다' 라고 해석한다. 그 결과 E와 C에 기입된 수를 나열해 보면, 놀랍게도 이것은 Z에 미리 적어 둔 답과 같다.

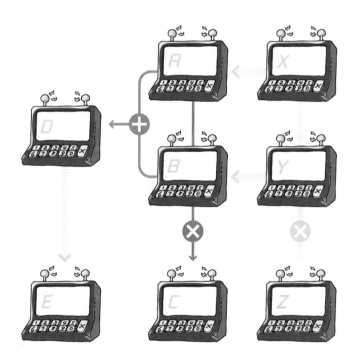

보기에는 전혀 다르지만, 이 곱셈 기계의 구조는 손가락셈과 같은 식을 이용해서 이해할 수 있다. 이것을 아래와 같이 해석해 보자.

$$(100-a)(100-b)=(100-(a+b))100+ab$$

❶ X=100−a, Y=100−b를 기입한다.

❷ a=100−X를 A에
b=100−Y를 B에 기입한다.

❸ ab=A×B를 계산하고, 답을 C에 기입한다.
이것이 Z의 십의 자리와 일의 자리의 부분이 된다.

❹ a+b를 D에 기입한다.

❺ 100−(a+b)를 E에 기입한다.
그 값을 100배하면
Z의 천의 자리와 백의 자리의 부분이 된다.

놀라운 수의

문제 3

수를 알아맞히는 마술

먼저 누군가에게 마음속으로 1에서 31까지의 수 가운데 하나를 생각하라고 한다. 이를테면 그 사람의 생일(달은 무시하고 날짜만)을 생각하게 한다. 그다음에는 그 사람이 선택한 수가 A, B, C, D, E 중 어느 그룹에 속해 있는지 말하라고 한다. 당신은 그 수가 들어 있는 그룹의 왼쪽 위 모퉁이에 적혀 있는 수를 마음속에서 더해 간다. 더한 수가 바로 그 답이다. 당신이 그 답을 말하면, 그 사람은 깜짝 놀랄 것이다. 왜냐하면 자신밖에 모르는 수를 당신이 알고 있기 때문이다. 그 비밀은 무엇일까?

1	3	5	7
9	11	13	15
17	19	21	23
25	27	29	31

2	3	6	7
10	11	14	15
18	19	22	23
26	27	30	31

4	5	6	7
12	13	14	15
20	21	22	23
28	29	30	31

8	9	10	11
12	13	14	15
24	25	26	27
28	29	30	31

16	17	18	19
20	21	22	23
24	25	26	27
28	29	30	31

이것은 이진법의 법칙을 이용한 것이다. 1에서 31까지의 수는 1
과 2와 4와 8과 16을 이용해서 만들 수 있다.

이를테면, 10은 2를 다섯 개 더해서 만들 수 있다.

$$10 = 2 + 2 + 2 + 2 + 2$$

2를 두 개 사용하는 것보다 4를 한 개 사용하는 것이 더 좋다.
4를 두 개 사용하는 것보다는 8을 하나 사용하는 것이 더 좋다.

$$10 = 4 + 4 + 2 = 8 + 2$$

이렇게 생각해 가면, 각각의 수를 사용해도 끝으로는 하나의
수로 나타낼 수 있다. 즉 사용하느냐, 안 하느냐이다. 사실 앞 쪽의
A, B, C, D, E 그룹은 순서대로 1, 2, 4, 8, 16을 사용하는 수를
모은 것이다. 1은 A, 2는 B, 3은 1+2이므로 A와 B에, 4는 C, 5
는 1+4이므로 A와 C에, 6은 2+4이므로 B와 C에 들어 있다.

이런 구조로 만든 그룹이기 때문에, 마음속에서 선택한 수가
어느 그룹에 들어 있는가를 알려준다면, 그 그룹을 대표하는 수
를 더하는 것만으로 마음속에서 생각한 수를 알 수 있다.

9로 나누었을 때의 나머지

　몇 자리의 수라도 상관없으니 좋아하는 수를 적어 보라. 그리고 각 자리의 수를 전부 더해 보라. 더한 수가 한 자리 수가 아니라면 다시 각 자리의 수를 더하라. 이것을 반복해서 마지막에 얻는 한 자리 수가 9보다 작으면, 그것은 처음에 적은 수를 9로 나누었을 때의 나머지일 것이다. 만약 이것이 9라면 처음에 적은 수는 9로 나누어떨어진다. 어떻게 이런 간단한 방법으로 9로 나누었을 때의 나머지를 알 수 있을까?

　123456789

　1+2+3+4+5+6+7+8+9=45

　4+5=9　　　　9로 나누떨어진다!

　58273

　5+8+2+7+3=25

　2+5=7　　　　9로 나누었을 때의 나머지는 7이다.

이 방법은 구거법이라는 것인데, 예로부터 잘 알려진 것이다. 이것이 가능한 것은 우리들이 십진법을 사용하고 있기 때문이다.

$$10=9+1 \qquad 100=99+1$$
$$10000=999+1 \qquad 10000=9999+1$$

따라서 10의 거듭제곱을 9로 나누면 나머지는 모두 1이 된다. 십진법으로 표현하면, 58273은 다음과 같이 나타낼 수 있다.

$$58273$$
$$=5×10000+8×1000+2×100+7×10+3$$

여기에 위에서 제시한 등식을 대입하면 다음과 같다.

$$5×(9999+1)+8×(999+1)+2×(99+1)$$
$$+7×(9+1)+3$$
$$=(5×9999)+5+(8×999)+8+(2×99)$$
$$+2+(7×9)+7+3$$

9로 나누었을 때의 나머지를 구한다는 것은, 9로 이루어진 덩어리를 가능한 한 제거한 다음 마지막에 남는 수를 구한다는 것이다. 그러므로 앞의 식에서 9가 나열한 부분을 무시해도 마지막에 남는 수(=9로 나누었을 때의 나머지)는 변하지 않는다.

그래서 9와 관계없는 부분만 남기면 다음과 같다.

$$5+8+2+7+3$$

이것은 바로 각 자리의 수를 더한 것과 같다. 따라서 이 합을 9로 나누었을 때의 나머지는, 처음의 수를 9로 나누었을 때의 나머지와 같다.

숫자가 정렬하는 곱셈

이것은 마술이라고까지 할 수는 없지만 상당히 재미있다. 1이 연속하는 수를 제곱하면, 숫자가 순서대로 정렬한다. 그 이유는?

야옹~

$1^2=1$

$11^2=121$

$111^2=12321$

$1111^2=1234321$

$11111^2=123454321$

$111111^2=12345654321$

$1111111^2=1234567654321$

$11111111^2=123456787654321$

필산을 해보면 일목요연하다. 111111111이 한 자리씩 왼쪽으로 밀려남에 따라 1의 수가 세로로 하나씩 많아졌다가 자리 수만큼 만들어지면 그다음부터는 감소해 간다. 물론 1이 열 개 이상 연속하는 경우에는 올림이 있어서 상황이 바뀐다.

```
            1 1 1 1 1 1 1 1 1
        ×   1 1 1 1 1 1 1 1 1
    ──────────────────────────
            1 1 1 1 1 1 1 1 1
          1 1 1 1 1 1 1 1 1
        1 1 1 1 1 1 1 1 1
      1 1 1 1 1 1 1 1 1
    1 1 1 1 1 1 1 1 1
  1 1 1 1 1 1 1 1 1
1 1 1 1 1 1 1 1 1
1 1 1 1 1 1 1 1 1
1 1 1 1 1 1 1 1 1
──────────────────────────────
1 2 3 4 5 6 7 8 9 8 7 6 5 4 3 2 1
```

7이 일렬로 늘어서다

이것은 전자계산기의 마술이다. 먼저 전자계산기에 12345679를 입력한다. 8이 빠져 있다는 사실에 주목해야 한다. 이어서 1에서 9까지의 수 가운데 하나를 선택하고, 그 수를 곱한다. 예를 들어 아래의 그림에서는 7을 곱했다. 그다음에는 9를 곱해 보자. 그러면 여러분이 처음에 곱한 수가 일렬로 늘어선다.

이 마술의 원리는 곱셈의 교환법칙에 있다. 즉 곱하는 수의 순서를 바꾸어도 답은 변하지 않는다는 것이다. 또한 111111111이 9로 나누어떨어진다는 것도 중요하다.

$$111111111 \div 9 = 12345679$$
$$12345679 \times 9 = 111111111$$

이를테면 111111111에 7을 곱하면 777777777이 되는 것은 명백하다. 따라서 다음과 같은 계산을 할 수 있다.

$$12345679 \times 9 \times 7 = 111111111 \times 7$$
$$= 777777777$$

여기서 곱셈의 순서를 바꾸어 보아도 답은 같을 것이다.

$$12345679 \times 7 \times 9 = 86419753 \times 9$$
$$= 777777777$$

도중에 나타나는 수는 특별히 의미가 없는 수이다. 이것에 9를 곱한 순간 7이 늘어서니 놀라운 일이다. 물론 선택한 수가 9라면, 이 트릭은 바로 들통이 난다. 이때는 1이 연속하는 것을 즐거운 마음으로 보고 끝내자.

저를 이용하니
참 편리하지요?
이것저것
다양한 놀이가
가능하답니다.

2의 거듭제곱
앞머리에 주목한다

2의 거듭제곱을 20승까지 계산한 것을 보자. 여기에서 무엇을 발견할 수 있을까?

앞머리의 수에 주목하면 어느 그룹이나 2, 4, 8, 1, 3, 6, 1, 2, 5, 1로 이루어져 있다는 사실을 알 수 있다. 어쩌면 30승까지 계산해도 마찬가지가 아닐까? 이렇게 생각하는 마음은 충분히 이해할 만하다. 하지만 사실 더 엄청난 일이 있다.

그것은……

$2^1=2$	$2^{11}=2,048$
$2^2=4$	$2^{12}=4,096$
$2^3=8$	$2^{13}=8,192$
$2^4=16$	$2^{14}=16,384$
$2^5=32$	$2^{15}=32,768$
$2^6=64$	$2^{16}=65,536$
$2^7=128$	$2^{17}=131,072$
$2^8=256$	$2^{18}=262,144$
$2^9=512$	$2^{19}=524,288$
$2^{10}=1,024$	$2^{20}=1,048,576$

$$2^{21}=2,097,152$$
$$2^{22}=4,194,304$$
$$2^{23}=8,388,608$$
$$2^{24}=16,777,216$$
$$2^{25}=33,554,432$$
$$2^{26}=67,108,864$$
$$2^{27}=134,217,728$$
$$2^{28}=268,435,456$$
$$2^{29}=536,870,912$$
$$2^{30}=1,073,741,824$$

참고하기 위해서 30승까지 계산한 것을 제시한다. 역시 앞머리의 수는 10승, 20승과 마찬가지이다. 7과 9는 등장하지 않는다. 이렇게 몇 승을 해도 7과 9는 등장하지 않는 것일까?

아니다. 그렇지 않다. 2를 자꾸만 곱해 가면, 언젠가는 그 계산 결과의 앞머리에 7과 9가 등장한다.

이유는 간단하게 설명할 수 없지만 $\log_{10}2$가 무리수라는 것이 문제의 핵심이다.

0.99999…의 수수께끼

어린 시절 이런 것을 생각하고 고민한 적은 없는가?

$$0.99999… = 1 ?$$

과연 위의 등식은 성립할까, 아닐까? 나의 마법으로 이 고민을
완전히 해소해 보겠다.

내게 맡겨라!

0.99999…는 1과 같은가? 이렇게 질문하면 '같지 않다'고 답하는 사람이 많을 것이다. 물론 수학적 진위를 다수결로 정할 수는 없지만, 정답은 '같다'이다. 이것을 어떻게 이해해야 할까?

알고 있는 사실로 생각한다

누구나 다음의 등식은 잘 알고 있을 것이다.

$$\frac{1}{3}=0.33333\cdots$$

3분의 1은 1을 3으로 나누는 것인데, 그 나눗셈을 실행하면 답이 0.33333…이 된다.

이 사실을 인정한 다음, 위의 등식의 양쪽 항에 3을 곱하면 어떻게 될까?

$$\frac{1}{3}\times3=0.33333\cdots\times3$$

이 양쪽 항을 계산하면 당연히 다음과 같이 된다.

$$1=0.99999\cdots$$

(그렇구나!)

방정식을 푼다

0.99999…의 정체를 알 수 없으므로, 이것을 x로 바꾸어 보자.

$$x=0.99999\cdots$$

이 양쪽 항을 열 배하면 다음과 같다.

$$10x=9.99999\cdots$$

9.99999…는 9와 0.99999…를 더한 것이므로 다음과 같이 된다.

$$10x=9+0.99999\cdots=9+x$$

따라서 x는 다음 방정식으로 그 답을 구할 수 있다.

$$10x=9+x$$

이 방정식을 풀면, x = 1이라는 사실이 명백하다. (물론 그렇지!)

이해하는 방법

③

귀류법

만약 0.99999⋯가 1과 같지 않다면, 그 사이에는 차가 있을 것이다. 즉 다음과 같은 계산을 하면 바른 답을 얻을 수 있을 것이다.

$$1-0.99999\cdots=?$$

답은 얼마일까? 이 답은 0.1보다 작을 것이다. 물론 0.01보다도 0.001보다도 작다. 1 앞에 몇 개의 0이 이어진다고 해도, 답은 그 수보다 작을 것이다. 그렇다고 0을 무한히 이어갈 수는 없으므로, 이 답을 실현하는 값은 있을 수 없다.

따라서 처음부터 0.99999⋯와 1 사이에 차가 있다고 가정한 것이 잘못이었다. 즉 그것이 같지 않으면 이상하다는 결론이다. (응⋯⋯)

여러분은 어떤 방법으로 이해했는가? 방법①은 초등학생도 이해할 수 있을 것이다. 방법②는 중학생이 아니면 알 수 없다. 방법③은 어른이라고 해도 알 수도 모를 수도 있다.

어쨌든 이런 방법으로 0.99999…의 수수께끼가 풀리다니, 마법과 같다고 생각하는 사람도 있을 것이다. 문제 자체는 마술이 아니지만, 이것이 바로 '수의 마술'이다.

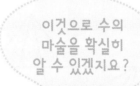

|제4장|

입체도형의 수수께끼

야옹~

여러분의 질문에는
답할 수 없습니다.
고양이니까⋯⋯

우리는 삼차원 공간에 살고 있다. 삼차원 공간이란 가로·세로·높이·방향이 있는 공간으로, 여기는 많은 입체도형들로 가득 차 있다. 그런데 입체도형에 대해서는 그다지 이해를 하고 있지 않은 것 같다.

그래서 입체도형에 관한 문제를 모아 보았다. 처음에는 자신의 직감을 믿고 답해도 좋다. 그러나 그 직감에 배신당하는 일도 있으니 각오하기 바란다.

정다면체 가운데
어느 것이 가장 클까?

삼차원 감각을 익히는 **문제 1**

정다면체는 정사면체, 정육면체, 정팔면체, 정십이면체, 정이십면체, 이렇게 다섯 종류이다. 정다면체라는 말을 알지 못한다고 해도, 아마 어딘가에서 본 적은 있을 것이다. 대부분의 책에서는 이 다섯 종류의 정다면체가 거의 같은 크기로 그려져 있다.

그런데 한 변의 길이가 10센티미터인 정다면체의 모형을 만든다면, 어느 정다면체가 가장 클까?

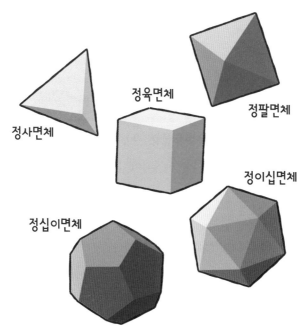

이렇게 질문하면 '정이십면체가 가장 크다'고 답하는 사람이 많다. '면의 수가 가장 많기 때문'이라거나, '구와 가장 가깝다'라거나, '왠지'라거나 이유는 여러 가지이다. 그중에는 '가장 크다는 것은 어떤 의미입니까?'라고 질문하는 사람도 있다. '부피인가' 아니면 '그것이 내접하는 구면의 반지름인가' 하고……

그런데 현실은 보는 바와 같다. 사소한 생각은 할 필요 없이 정십이면체가 가장 크다. 그것도 상당히 크다.

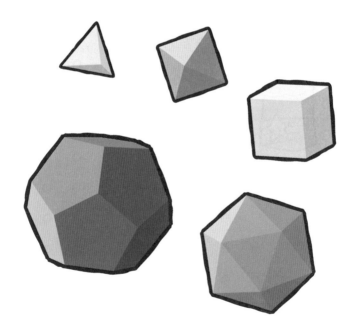

　위와 같이 변의 길이가 같은 정삼각형과 정사각형과 정오각형을 그려 보면, 정오각형이 엄청나게 크기 때문이다. 이런 상황을 머릿속에서 그릴 수 있다면, 정오각형을 짜 맞추어서 만든 정십이면체가 가장 클 것이라고 생각할 수 있다.

　어쨌든 부피로 비교하면, 정다면체는 다음 순서대로 작아진다.

정십이면체 〉 정이십면체 〉 정육면체 〉 정팔면체 〉 정사면체

　처음 세 개의 입체도형은 실제로 그 모형을 만들어 보면 알 수 있다. 정십이면체 안에는 정이십면체가 여유롭게 들어간다. 달각달각 소리를 내면서 회전시킬 정도의 틈이 있다. 그리고 정이십면체 안에는 정육면체가 들어간다. 안의 정육면체가 조금은 움직이지만 회전할 정도의 여유는 없다.

　그리고 정육면체 안에는 정팔면체가, 그 정팔면체 안에는 정사면체가 빠듯하게 들어간다. 그런데 두꺼운 종이로 만들면 뚜껑을 닫지 못한다.

예를 들어 정팔면체에서 마주보는 한 쌍의 면을 수직으로 세우고, 그것을 바로 옆에서 본 모습을 상상해 보라. 바로 옆에서 보고 있기 때문에 그 면은 정삼각형의 높이와 같은 길이의 선분을 가진다. 계산을 간단하게 하기 위해서 삼각형 한 변의 길이를 2라고 하면 그 높이는 $\sqrt{3}$이다. 이것을 이해하고 아래의 그림을 보면, 정팔면체를 바로 옆에서 본 것임을 이해할 수 있다. 이것을 평행으로 이동해서 변의 길이가 2인 정육면체 안으로 이동해 보자. 그대로 이동하면 정팔면체의 머리가 조금 나오기 때문에, 오른쪽으로 조금 기울어지게 만든 것이 오른쪽의 그림이다. 바로 옆에서 본 정육면체의 대각선 길이가 $2\sqrt{2}$이기 때문에 정팔면체는 정육각형 안에 완전히 들어간다.

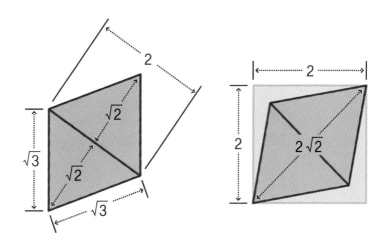

이번에는 정사면체의 한 변을 수직으로 세우고 그것을 포함한 면을 바로 옆에서 본 모양을 상상해 보자. 아래 그림의 왼쪽이 그 것이다. 정팔면체일 때와 마찬가지로 길이를 생각하면, 정사면체 가 정팔면체 안에 빠듯하게 들어가는 것을 알 수 있다.

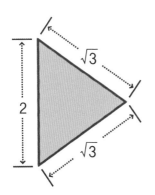
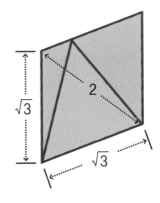

문제 2 정사면체 분해

네 장의 정삼각형을 짜 맞추어서 만들 수 있는 입체가 정사면체이다. 각각의 변을 삼등분할 수 있는 위치에 표시를 하고, 표시한 부분을 따라 각각의 면에 평행인 평면으로 사면체를 분할해 보자. 과연 몇 개의 작은 정사면체를 만들 수 있을까?

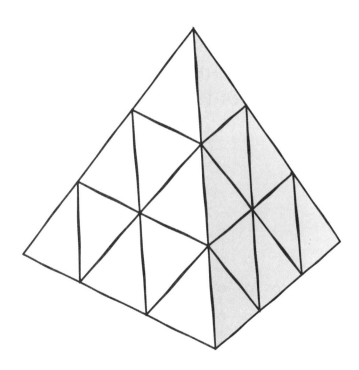

갑자기 입체도형을 생각하는 것은 어려우니, 처음에는 평면도형으로 생각해 보자. 즉 아래 그림과 같이 정삼각형을 직선으로 분할해 보자. 이때 정삼각형은 모두 몇 개일까?

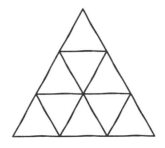

이 문제는 전혀 어렵지 않다. 보는 바와 같이 정삼각형은 모두 아홉 개이다. 굳이 나누어서 말한다면 위를 향한 정삼각형 여섯 개, 아래를 향한 정삼각형 세 개이다.

더 잘게 분해한다고 해도, 위를 향한 것과 아래를 향한 것을 나누어서 생각하면 그다지 어려운 문제가 아니다. 변을 n등분했을 때, 위를 향한 정삼각형의 수는 위에서부터 1, 2, 3…… 하나씩 늘어나 가장 아래에는 n개의 정삼각형이 줄지어 있게 된다.

따라서 위를 향한 정삼각형의 개수는 1에서 n까지의 자연수의 총합과 같다. 이것을 식으로 나타내는 방법은 이미 잘 알고 있을 것이다. 아래를 향한 정삼각형도 같은 방법으로 나열되어 있지만, 위를 향한 것보다 1단 적다. 따라서 이 개수는 1에서 n-1까지의 총합이 된다. 이 사실을 종합해 보면, 정삼각형을 n단으로 세분했을 때 만들어지는 작은 정삼각형의 개수는 다음과 같은 식으로 나타낼 수 있다.

$$\frac{n(n+1)}{2}+\frac{(n-1)n}{2}=\frac{n(n+1+n-1)}{2}$$
$$=\frac{n \cdot 2n}{2}$$
$$=n^2$$

정삼각형의 분할 이야기를 이해했다면, 정사면체의 이야기로 돌아가자. 정사면체도 면과 평행인 평면으로 절단해 가면, 많은

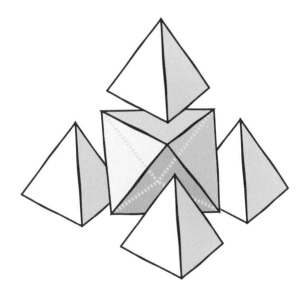

작은 정사면체가 만들어질 것이다. 그러나 그것은 잘못된 생각이다. 현실은 아래의 그림과 같다. 정사면체를 분해한다고 모든 것이 다 정사면체가 되는 것은 아니다. 한가운데에는 정팔면체가 만들어진다. 앞에서는 위에서 2단까지만 그렸다. 그 아래의 단(3단)은 아래의 그림과 같다. 노란색 부분이 정팔면체이다. 정사면체와 정팔면체가 하나씩 차례차례 나열되어 있다.

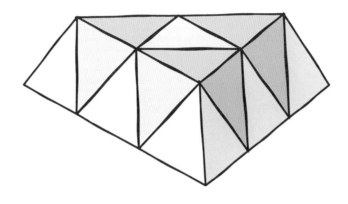

그 밑면은 정삼각형을 분해한 것과 같아서, 위를 향한 삼각형 부분에는 여섯 개의 정사면체가, 아래를 향한 삼각형 부분에는 정팔면체가 자리를 잡고 있다. 그래서 3단 부분에는 앞에서 말한 정사면체 여섯 개와 윗면에 얼굴을 드러내고 거꾸로 서 있는 정사면체 한 개, 모두 일곱 개의 정사면체가 있다. 그래서 옆쪽에 있는 네 개의 정사면체를 더하면 모두 열한 개의 정사면체가 있다는 것을 알 수 있다.

정육면체와
정팔면체의 전개도

    정육면체의 전개도는 돌리기를 하거나 뒤집기를 해서 겹쳐지는 것을 제외하면, 아래의 그림과 같이 모두 열한 가지가 있다. 그렇다면 정팔면체의 전개도는 몇 가지 있을까? 실은 정팔면체의 전개도를 열거해 보지 않고도 그 답을 알 수 있는 방법이 있다.

정육면체와 정팔면체는 아래의 그림과 같은 관계가 있다. 자신 (정다면체)의 면 중심을 꼭짓점으로 하고 선을 이어 면을 만들면 또 하나의 다면체(쌍대다면체)가 만들어진다. 예를 들어 아래의 왼쪽 그림에서는 정육면체에 이와 같은 작업을 해서 정팔면체를 만들었다. 또한 만들어진 정팔면체의 면 중심을 꼭짓점으로 해서 정육면체를 만들면, 오른쪽의 그림과 같이 된다.

이런 관계를 쌍대관계라고 한다. 즉 정육면체의 쌍대다면체는 정 사면체이고, 정사면체의 쌍대다면체는 정육면체이다.

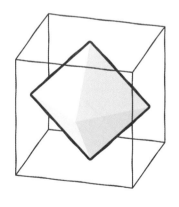 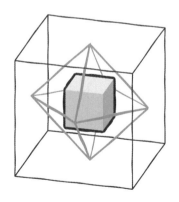

어떤 도형의 쌍대다면체의 쌍대다면체는 원래의 그 도형이 된다. 그런데 앞 쪽에서 제시한 방법을 반복하면 안으로 작은 입체가 만들어질 뿐, 원래의 그 모습으로는 돌아가지 않는다. 그래서 일단 쌍대다면체를 만든 다음 그것을 확대해서 크기를 조절하기로 했다.

그렇게 하면 아래와 같은 입체가 만들어진다. 잘 보면 정육각형과 정팔각형이 합체된 것임을 알 수 있다. 그리고 '서로 다른 하나의 쌍대다면체'임을 알 수 있다.

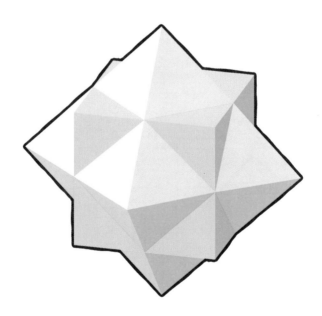

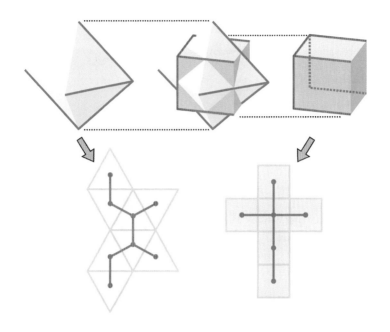

　정육면체와 정팔면체의 합체 도형을 잘 관찰하고, 각각의 전개도가 어떤 관계를 가지고 있는지 이해해 보자. 그 관계를 나타낸 것이 위의 그림이다.

　먼저 합체 도형 속의 정육면체에 주목하자. 정육면체의 변 위에 빨간 선이 그려져 있는데, 이 선에 칼집을 넣어서 열면 오른쪽의 십자가 모양의 전개도가 만들어진다. 여기서 칼집을 넣지 않은 정육면체의 변은 파란색 선(정팔면체의 변 위에 그려져 있는 파란색 선)과 직교한다. 이 파란색 선을 오른쪽 전개도 안에 그려 넣었다.

　이번에는 파란색 선을 주목해 보자. 이 선은 정팔면체 변 위에 있는데, 여기에 칼집을 넣어서 열면 왼쪽 전개도를 얻을 수 있다. 칼집을 넣지 않은 정팔면체의 변과 빨간색 선(정육면체에서 칼집을 넣은 빨간색 선)이 직교하고 있다. 이 빨간색 선이 구성하고 있는 도형도 전개도에 그려져 있다.

이렇게 합체 도형을 보면, 정육면체의 전개도 하나와 정팔면체 전개도 하나가 짝을 이루고 있다. 그래서 정육면체 전개도와 정팔면체 전개도의 개수는 둘 다 열한 개이다.

이와 같은 일이 정십이면체와 정이십면체에서도 일어난다. 즉 이 두 개는 서로 다른 쌍대다면체이다. 이 합체 도형은 아래의 그림과 같다. 두 개의 전개도는 일대일로 짝을 이룬다. 그 총수는 43380이라고 한다.

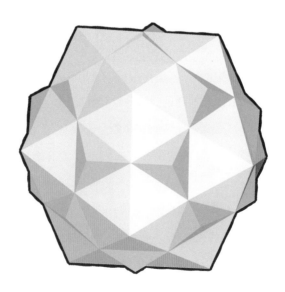

삼차원 감각을 익히는

문제 4

정십이면체에
숨어 있는 정육면체

정십이면체는 정오각형을 열두 장 짜 맞추어서 만든 입체이다. 어느 꼭짓점에도 세 장의 정오각형이 모여 있다. 정십이면체의 어딘가에 정육면체(주사위 모양)가 숨어 있는데, 그건 어디에 있을까?

정십이면체의 꼭짓점 여덟 개를 이용해서 만들 수 있는 정육면체를 찾아보자.

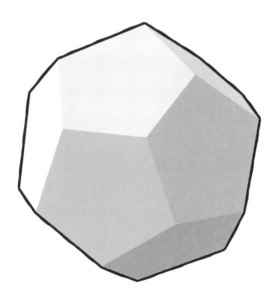

백문이 불여일견. 실제로 정십이면체에서 정육면체를 잘라 내
보자.

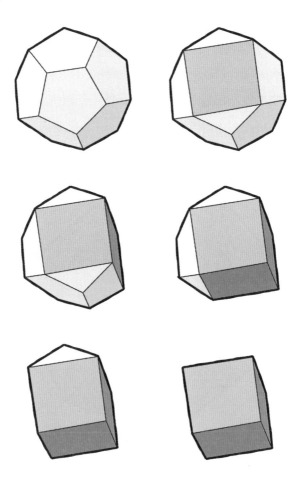

삼차원 감각을 익히는

문제 5 · 수박 통조림?

구에 접점을 가지는 원기둥을 생각해 보자. 마치 수박 통조림을 만든 것처럼 원기둥의 옆면은 구의 적도를 완전히 감싸고 있다. 상하의 원판도 구의 북극과 남극에 접하고 있다. 이런 상황에서 구의 겉넓이와 원기둥의 옆넓이(위아래 원판의 넓이는 포함하지 않는다)를 비교해 보자. 과연 어느 쪽 면적이 더 클까?

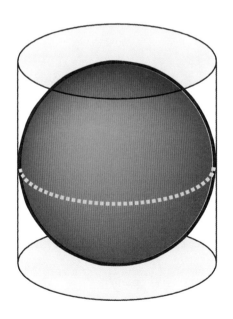

직관적으로는 원기둥의 옆넓이가 더 크다고 생각할 것이다. 수박을 원기둥 모양으로 두른 종이로 완전히 싸려고 하면, 원기둥의 위와 아랫부분을 줄여야 한다. 그렇게 하면 원기둥은 쪼글쪼글해지기 때문에 수박보다 원기둥의 옆넓이가 더 큰 것이 아닌가…….

그렇게 생각할 수 있겠지만 사실 구의 겉넓이와 원기둥의 옆넓이는 똑같다.

구의 반지름을 r이라고 하면 그 겉넓이는 다음과 같다.

구의 겉넓이= $4\pi r^2$

한편 원기둥의 높이는 구의 지름과 같은 2r이다. 아래의 전개도를 보고 생각해 보자. 원기둥의 옆면은 세로가 2r이고, 가로는 반지름이 r인 원의 원둘레와 같은 직사각형이다. 따라서 면적은 아래와 같다.

원기둥의 옆넓이= $2r \times 2\pi r = 4\pi r^2$

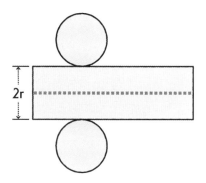

|제5장|

반짝이는 증명

대단한걸~

반짝반짝
증명을 즐기세요!!

수학에서 중요한 것은 '증명'이다. 그것은 논리적 추론이자 결론을 이끌어 내는 것이다. 그러나 난해한 기호만 나열된 증명은 재미없다. 문제의 본질을 제대로 파악하고, 명확하게 뭔가를 제시하는 반짝이는 증명을 보고 싶다는 생각이 들지 않는가? 여러분은 반짝이지 않아도 된다. 여기에 적혀 있는 증명을 읽고 감동하면 그것으로 충분하다. 그래서 '번뜩 떠오르는 증명'이 아니라 '반짝이는 증명'인 것이다.

보면 알 수 있는
'피타고라스의 정리' 증명

반짝임을 만끽하는
문제 1

직각삼각형에서 직각을 낀 두 변의 길이의 제곱을 합한 값은 빗변 길이의 제곱과 같다. 이것은 모두가 잘 알고 있는 피타고라스의 정리이다. 길이의 제곱은 정사각형의 면적이므로, 위의 명제는 아래 그림에서 정사각형 A와 정사각형 B의 면적의 합이 정사각형 C의 면적과 같다는 것을 의미한다. 이 사실을 증명하려면 어떻게 해야 할까? 물론 수학 교과서에 실려 있다. 그러나 교과서대로 생각하지 말고 자유롭게 생각하면 깜짝 놀랄 만한 방법으로 피타고라스의 정리를 설명할 수 있다.

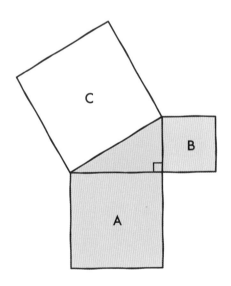

아래의 그림이 모든 것을 말하고 있다. 위쪽 커다란 정사각형 안에서 직각삼각형이 이동하면 아래쪽 그림과 같이 된다.

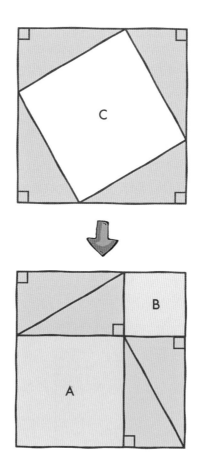

제곱의 합의 최대치

문제

$x_1, \cdots\cdots, x_n \geqq 0$ 또는

$x_1 + \cdots\cdots + x_n = d$일 때,

$x_1{}^2 + \cdots\cdots + x_n{}^2$의 최대치를 구하십시오.

"너무나도 수학적인 문제군요."

만약 변수가 두 개뿐이라면 이것은 단순히 이차함수의 최대치
를 구하는 문제에 지나지 않는다. 고등학생도 간단하게 풀 수 있
는 문제이다. 그러나 변수가 세 개 이상이면 조금 어렵다.

그런데 아무 계산도 하지 않고, 문제의 최대치가 d^2이라는 사
실을 증명할 수 있다. 이 증명 방법은 중학생도 아는 것이다. 어
떤 방법일까?

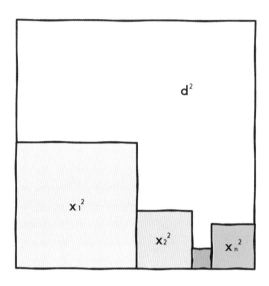

위의 그림을 보자. 가장 큰 사각형은 한 변의 길이가 d인 정사
각형이다. 그 안에 면적이 각각 x_1^2, ……, x_n^2인 n개의 정사각형이
들어 있다. 물론 그 정사각형의 한 변의 길이는 x_1, ……, x_n이다.

이런 배치를 보면 다음과 같이 된다는 건 확실하다.

$$x_1 + x_2 + \cdots\cdots + x_n = d$$

그리고 n개의 정사각형 면적의 합이 가장 큰 정사각형의 면적,
즉 d^2을 넘지 않는 것도 확실하다.

한편 하나의 변수만 d라고 하고, 나머지의 변수를 0으로 하면 다음과 같이 되기 때문에

$$x_1^2 + x_2^2 + \cdots\cdots + x_n^2 = d^2$$

d^2이 최대치가 된다.

이 생각을 이해했다면, 변수를 세제곱한 합의 최대치가 어떻게 되는지도 간단하게 알 수 있을 것이다. 정육면체 안에서 하나의 변을 따라 나열하는 작은 정육면체를 상상하면 된다.

최후의 만찬의 수수께끼

아래의 그림은 르네상스 후기의 만능 천재 화가 레오나르도 다 빈치의 〈최후의 만찬〉이다. 이 그림을 보면서 무엇을 발견할 수 있을까? 사실 여기에 그려져 있는 열세 명 가운데 태어난 달이 같은 사람이 몇 명 있다. 누구일까?

한가운데 앉아 있는 그리스도는 12월생이다. 그러나 열두 제자의 생일에 대해서는 기록이 남아 있지 않다. 그럼에도 불구하고 수학의 힘으로 태어난 달이 같은 사람이 몇 명 있다는 것을 알 수 있다.

레오나르도 다빈치의 〈최후의 만찬〉

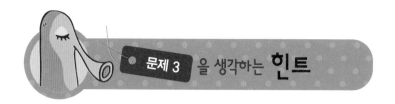

이론은 대단히 간단하다. 달은 1월에서 12월까지 있다. 한편 그림에 그려져 있는 사람은 열세 명이다. 그렇다면 누군가와 누군가는 반드시 같은 달에 태어났을 것이다. 만약 그렇지 않다면, 모든 사람이 다른 달에 태어난 셈이 된다. 그건 열세 사람과 짝을 이루는 열세 개의 달이 있다는 것을 말한다.

너무나 당연하다고 생각할 수도 있을 것이다. 그러나 말을 듣기 전까지 전혀 눈치 채지 못한 사람도 많았을 것이다. 요컨대 기준이 되는 수보다 많은 수와 짝을 이루려면, 어딘가에서 중복이 일어나는 것은 당연한 일이다.

이를테면 비둘기가 열 마리 있는데 비둘기집이 아홉 개밖에 없다면, 어느 하나의 집에는 두 마리의 비둘기가 들어가야 한다. 이건 누구나 그렇다고 생각한다. 뭔가 다른 것을 근거로 증명할 방법이 없을까? 이런 일을 수학에서는 '원리'라고 한다. 특히 여기서 이용한 원리는 비둘기집 원리이다.

비둘기집 원리를 이용하면 다음과 같은 것을 알 수 있다.

1 7개의 주사위를 동시에 던지면, 같은 수가 나오는 것이 있다.

2 카드(조커를 제외한)를 5장 뽑으면, 같은 그림의 카드가 있다.

3 한국 사람 17명이 모이면 같은 행정 구역에 속하는 사람이 반드시 있다.
(한국의 행정 구역은 16개이다.)

4 366명이 있다면, 반드시 생일이 같은 사람이 있다.

5 축구팀 등번호 중에는 한 자리의 숫자가 같은 등번호를 가진 선수가 있다.

나무 열 그루를 심는다

9제곱미터 정사각형의 땅이 있다. 거기에 나무 열 그루를 심으려고 한다. 단 어느 나무나 서로 1.5미터 이상 떨어져야 한다. 예를 들어 땅의 경계선에도 나무를 심을 수 있다고 한다면 아래의 그림과 같이 아홉 그루를 심을 수 있다. 물론 이 상태에서 열 번째 나무를 추가하는 일은 불가능하다. 과연 나무 아홉 그루의 위치를 정하고 난 다음, 열 번째 나무를 추가할 수 있을까?

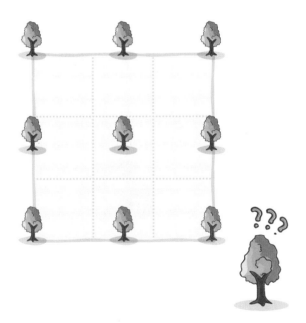

문제 4 를 생각하는 **힌트**

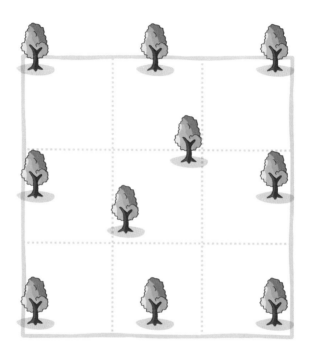

위의 그림과 같이 3제곱미터의 땅을 아홉 개의 영역(정사각형)
으로 나눈다. 하나의 정사각형의 길이는 1미터가 된다.

이 땅에 나무 열 그루를 심었다고 하자. 그런데 정사각형의 영
역은 모두 아홉 개밖에 없다. 이 경우 비둘기집 원리에 따라 어딘
가의 정사각형 안에는 두 그루 이상의 나무가 있을 것이다. 그림
에서는 한가운데의 정사각형 안에 나무 두 그루가 그려져 있다.

이 정사각형의 한 변의 길이는 1미터이다. 따라서 대각선의 길이는 $\sqrt{2}$이다. 이 정사각형 안에 나무 두 그루를 가능한 한 멀리 떨어지게 심으려면, 역시 대각선의 두 끝점의 위치에 심어야 한다. 즉 정사각형 안에 나무 두 그루를 어떻게 배치해도 그 사이의 거리는 $\sqrt{2}=1.14142\cdots\cdots$ 이하이므로 1.5미터가 되지 않는다. 따라서 나무 열 그루를 심는 일은 불가능하다.

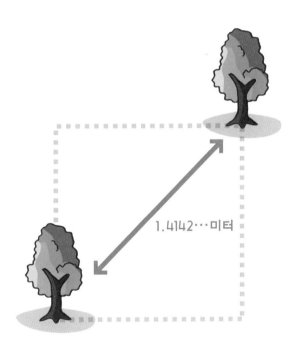

1.4142…미터

10으로 나누어 떨어지는 짝꿍

반짝임을 만끽하는

여러분이 좋아하는 수를 카드 일곱 장에 적어 보자. 몇 자리의 수라도 상관이 없다. 단 양의 정수여야 한다. 이 일곱 개의 수 가운데에는 그 합이나 차가 10으로 나누어떨어지는 짝꿍이 있다. 그 까닭은 무엇일까?

이를테면 아래 그림의 경우, 합이 10으로 나누어떨어지는 짝과, 차가 10으로 나누어떨어지는 짝이 있다.

$$21837+39083=60920$$
$$5572-912=4660$$

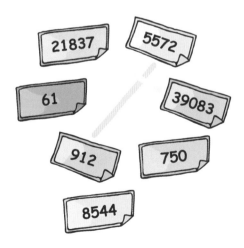

먼저 그림과 같이 수를 적은 여섯 개의 상자를 준비한다. 0과 5의 상자 이외의 상자에 적힌 두 개의 수는, 더하면 10이 된다. (37 : 3+7=10, 46 : 4+6=10, 19 : 1+9=10, 28 : 2+8=10)

여러분이 좋아하는 수를 적은 일곱 장의 카드는 그 숫자의 일의 자리 숫자와 같은 수가 적힌 상자에 넣는다. 이를테면 39083의 일의 자리 수는 3이므로 37이라고 적힌 상자에 넣는다.

카드는 일곱 장이 있는데 상자는 모두 여섯 개이다. 이것 역시 비둘기집 원리에 따라 어느 상자에는 두 장의 카드가 들어간다. 카드에 어떤 수가 적혀 있다고 해도 마찬가지이다. 두 장의 카드에 적힌 수의 일의 자리 수가 각각 다르다는 것은, 바로 상자에 적힌 두 개의 수와 같다는 뜻이다. 즉 이 두 장의 카드의 수를 더하면 그 답의 일의 자리 수는 0이 되고, 10으로 나누어떨어진다. 반대로 두 장의 카드에 적힌 수의 일의 자리 수가 같다면 그 차는 0이 되고, 이것 역시 10으로 나누어떨어진다.

문제 6 열 개의 수를 가지고 만든 원

1에서 10까지의 수가 적힌 열 개의 동전이 있다. 아래의 그림 처럼 그 동전을 나열해서 원을 만들어 보자. 어떤 순서라도 상관 없다. 여기서 연속하는 세 개의 동전의 수를 더하면, 어딘가에는 17 이상이 되는 것이 있다. 그 이유는 무엇일까?

이를테면 아래 그림의 경우, 네 군데의 합이 17 이상이다.

$$10+3+4=17 \qquad 8+2+7=17$$
$$2+7+9=18 \qquad 7+9+6=22$$

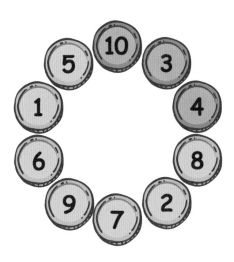

연속하는 세 개의 동전은 모두 열 그룹 있다. 여기서 세 개 동전의 수의 합의 평균을 생각해 보자. 즉 세 개 수의 합을 모두 더하고 10으로 나누는 것이다.

각각의 동전은 세 그룹의 연속 부분에 포함되므로, 평균을 구하기 위한 덧셈식에는 하나의 수가 세 번 등장한다. 따라서 연속하는 세 개의 동전에 적힌 수의 합의 평균은 다음 식으로 계산할 수 있다.

$$\frac{3 \times (1+2+3+\cdots+10)}{10} = \frac{3 \times 55}{10}$$
$$= \frac{165}{10}$$
$$= 16.5$$

평균이 16.5라는 것은, 동전 세 개의 수의 합 가운데에는 16.5 이상의 것이 있다는 것을 의미한다. 단 세 개의 정수의 합은 정수여야 하므로, 연속하는 세 개의 동전에 적힌 수의 합 가운데에는 17 이상의 것이 반드시 있다.

타일을 빈틈없이 깔다1

아래 그림과 같이 두 개의 모서리가 제외된 8×8 판을 두 칸짜리 타일을 이용해서 빈틈없이 깔 수 있을까? 당연히 타일이 서로 겹치면 안 된다.

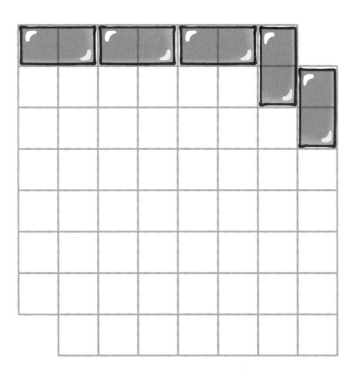

만약 이 문제의 답이 '가능하다'라면, 타일을 빈틈없이 깐 그림을 제시하면 된다. 그런데 그런 그림이 없는 것을 보니 답은 '불가능'인 것 같다. 왜 불가능할까? 이런 문제는 가능한지 아닌지가 중요한 것이 아니라, 왜 안 되는지가 중요한 것이다.

어쨌거나 이런 문제는 어떻게 대처해야 할까? 그 방법을 알지 못할 때는 먼저 더 간단한 경우를 생각해 보아야 한다. 이를테면 아래의 그림과 같이 두 개의 모서리가 제외된 4×4 판으로 생각해 보자. 이 정도라면 두 칸짜리 타일로 빈틈없이 깔지 못하는 이유를 말할 수 있을 것 같다.

만약 하나의 타일을 아래의 그림과 같이 두면, 그 왼쪽 옆에 오는 타일은 필연적으로 세로로 놓이게 된다. 그리고 그 아래의 칸

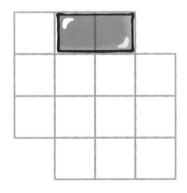

에 오는 타일은 가로로. 이와 같이 타일이 놓이는 방법은 제한을 받는다. 최종적으로는 고립된 칸이 생기고, 타일을 더 이상 둘 수 없게 된다.

이렇게 하나하나 깔아 보면 4×4 판에는 두 칸짜리 타일로 빈 틈없이 까는 일이 불가능하다는 결론이 나온다. 그런데 이런 방법은 너무 성가시다. 더 간단하고 반짝이는 증명 방법은 없을까?

그래서 등장한 것이 흑백으로 나누는 아이디어이다. 이를테면 아래의 그림과 같이 판의 칸을 흑백으로 나누어 보자. 게다가 두 칸

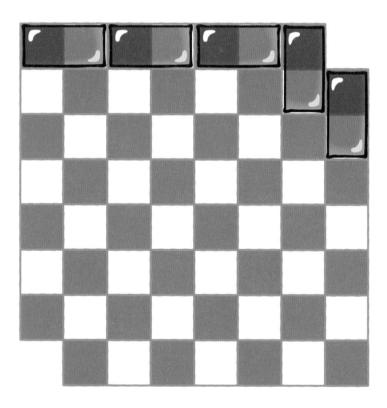

짜리 타일도 투명하게 만들어 보았다. 이것을 보면 혹시 무언가를 알 수 있지 않을까?

두 칸짜리 타일이 흰 칸과 검은 칸을 하나씩 덮고 있다는 것을 알 수 있다. 즉 타일이 하나씩 놓일 때마다 흰 칸과 검은 칸이 하나의 쌍을 이룬다. 만약 판 전체를 두 칸짜리 타일로 빈틈없이 깔 수 있을 때는, 모든 흰 칸과 검은 칸이 하나의 쌍을 이룬다. 즉 흰 칸의 개수와 검은 칸의 개수는 같아야 한다. 그런데 흰 칸에 상당하는 부분을 두 개 제거해 버렸으므로 검은 칸이 더 많다.

실제 검은 칸은 서른두 개인데, 흰 칸은 서른 개밖에 없다. 이것으로는 쌍을 이루게 할 수 없다. 따라서 판 전체를 두 칸짜리 타일로 빈틈없이 까는 일은 불가능하다.

타일을 빈틈없이 깔다 2

이번에는 8×8 판에서 한 칸을 제외했다. 따라서 칸은 모두 63 개이다. 63은 홀수이므로 두 칸짜리 타일을 이용해서 판을 빈틈 없이 까는 일은 불가능하다. 그렇다면 세 칸짜리 타일(1×3 혹은 3×1)로는 빈틈없이 깔 수 있을까?

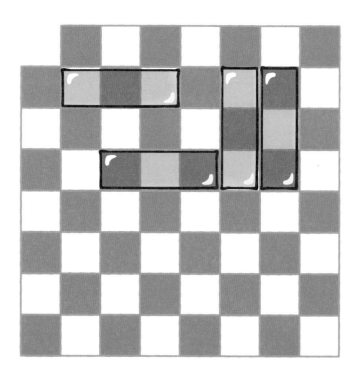

문제 8 을 생각하는 **힌트**

   L자형 세 칸짜리 타일을 이용하면, 아래의 그림과 같이 판을 빈틈없이 채울 수 있다. L자형 두 쌍이 만나면 2×3의 직사각형이 만들어진다. 이것으로 판을 채워 나가면 L자형 하나만 남는다. 그런데 일자형 타일, 즉 세 칸짜리 직사각형 타일로는 이 판을 완전히 채울 수 있을까?

•문제 7 의 흐름으로 생각하면 판을 흑백으로 나누면 될 것 같은데, 이번에는 그것이 도움이 되지 않는다. 일자형 세 칸짜리 타일을 깔면, 흰 칸 두 개와 검은 칸 한 개를 덮는 경우와 흰 칸 한 개와 검은 칸 두 개를 덮는 경우가 있다. 이 사실을 어떻게 이용하면 될까?

여기서는 흑백에 집착하는 일은 그만두자. 판의 원래 색을 무시하고 아래와 같이 빨간색, 흰색, 파란색으로 나누어 보자. 그리고 일자형 세 칸짜리 타일을 깔아 보자.

타일을 어디에 두나 빨간색, 흰색, 파란색 칸을 덮는다. 이 사실에 주목하면 일자형 세 칸짜리 타일로는 완전히 다 깔 수 없다

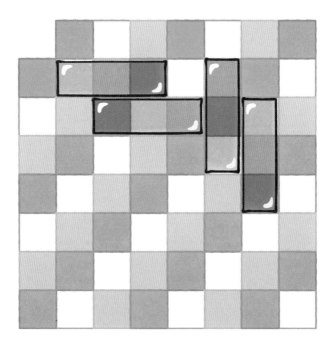

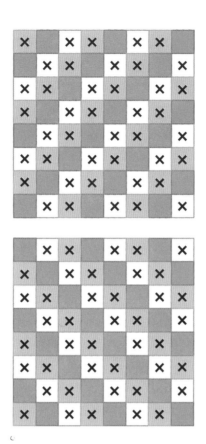

는 결론이 나온다. 만약 빈틈없이 완전히 깔 수 있다면 빨간 칸, 흰 칸, 파란 칸이 하나의 쌍을 이루므로 어느 색의 칸이나 그 수가 같아야 한다. 그러나 실제로는 빨간 칸이 22개, 흰 칸이 21개, 파란 칸이 20개이니 불가능하다.

이 생각을 이해했다면, 일자형 세 칸짜리 타일로 판을 빈틈없이 깔 수 있는 아이디어가 떠오를 것이다. 즉 빨간 칸, 흰 칸, 파란 칸이 같은 수가 되도록 8×8 칸에서 한 칸을 제외하면 된다.

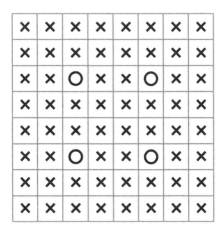

즉 파란 칸이어야 할 왼쪽 위 모서리를 다시 살리고, 다른 색보다 많은 빨간 칸을 하나 없애면 어떨까?

그래서 앞 쪽에서는 빨간 칸, 흰 칸, 파란 칸의 배열을 달리하는 두 개의 그림을 마련하고 흰색과 파란색 부분에 ×를 했다. 두개의 판에는 빨간 칸이 22개, 흰 칸과 파란 칸이 각각 21개씩 있다. 그러므로 ×표시를 한 흰 칸과 파란 칸은 그대로 살려 두어야 한다. 일자형 세 칸짜리 타일을 빈틈없이 깔기 위해서 지워야 하는 한 칸은 빨간 칸이다.

위의 그림은 앞 쪽의 두 개의 그림을 포개서 ×가 표시된 부분을 모두 표시했다. 그러자 ×가 없는 부분(○가 있는 부분, 즉 빨간 칸)은 네 칸뿐이다. 이 네 칸 중 하나를 제외한 판이라면, 일자형 세 칸짜리 타일로 빈틈없이 채울 수 있다. 그것을 제시하는 것은 바로 퍼즐이다.

타일을 빈틈없이 깔다 3

14×14 판이 있다. 그것을 일자형 네 칸짜리 타일로 빈틈없이 채울 수 있을까?

답은 '불가능하다' 이다. 왜 불가능할까? 그 이유를 생각해 보자.

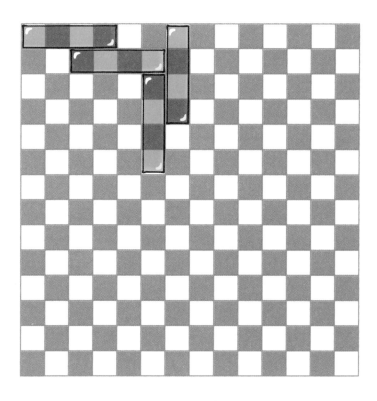

문제 9 를 생각하는 **힌트**

타일을 하나 깔면 흑백 두 개씩 덮는다. 이것은 흑백이 같은 수여야 하고, 모두 짝수가 아니면 일자형 네 칸짜리 타일로 빈틈없이 채울 수 없다는 것을 의미한다. 그러나 문제의 판은 14×14이므로 흰 칸도 검은 칸도 14×14÷2＝98개씩이다. 98개는 짝수이므로

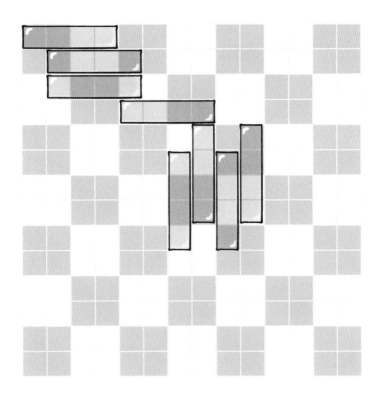

특별히 문제가 없지만, 이 논법으로는 결론을 얻을 수 없다.

그래서 14×14 판에 옆쪽 그림과 같이 색을 칠했다. 이 경우 어떻게 타일을 깔아도 흰 칸과 파란 칸을 두 개씩 덮는다. 이것은 일자형 네 칸짜리 타일로 판을 빈틈없이 깔 수 있다면 흰 칸과 파란 칸의 개수가 같고, 이와 더불어 짝수여야 한다는 것을 의미한다. 그런데 명백하게 파란 칸이 더 많다. 그래서 빈틈없이 까는 일은 불가능하다.

내게 맡겨라~

타일을 빈틈없이
깔다 4

집요한 것 같지만 한 가지 문제를 더 풀어 보자. 이번에는 10×10 판에 凸모양의 네 칸짜리 타일을 빈틈없이 까는 일을 생각해 보자. 타일을 놓는 방향은 자유이다. 가능할까?

이전 문제와 마찬가지로 이번에도 답은 '불가능'이다. 왜 그런지 생각해 보자.

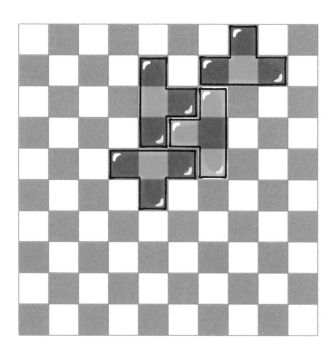

먼저 凸모양의 타일을 하나 두었을 때 어떻게 되는지 생각해 보자. 이제까지의 문제와 달리 타일이 덮는 흰 칸의 개수와 검은 칸의 개수는 같지 않다. 흰 칸 세 개와 검은 칸 한 개를 덮는 경우와 반대로 검은 칸 세 개와 흰 칸 한 개를 덮는 경우가 있다. 타일이 놓이는 방향을 무시하면 그것은 아래의 그림과 같은 두 종류이다.

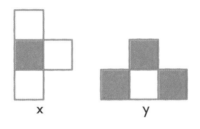

x   y

시험 삼아 凸모양의 타일로 판을 빈틈없이 깔았다고 치고, 흰 칸 세 개와 검은 칸 한 개를 덮는 타일의 개수를 x, 검은 칸 세 개와 흰 칸 한 개를 덮는 타일의 개수를 y라고 하자. 흰 칸과 검은 칸이 각각 50개씩 있다는 것에 주목하면, 다음과 같은 연립방정식이 성립한다.

$$\begin{cases} 3x+y=50 \\ x+3y=50 \end{cases}$$

둘 중 위의 식을 세 배하고 아래의 식을 빼면 다음과 같이 된다.

$$8x=100$$

따라서 $x=12.5$. 답이 정수가 아니다. 사물의 개수가 정수가 아니라는 것은 이상하다. 그러므로 10×10 판은 凸모양의 타일로 빈틈없이 깔 수가 없다.

이 생각을 이해했다면, 일반적 상황에서도 凸모양의 타일로 빈틈없이 깔 수 있는지 없는지 판단할 수 있다. 어떨 때 凸모양의 타일로 $n \times n$ 판을 빈틈없이 깔 수 있는지 생각해 보자.

가령 凸모양의 타일로 $n \times n$ 판을 빈틈없이 채웠다면, 앞과 마찬가지로 흰 칸 세 개, 검은 칸 한 개의 타일이 x개, 검은 칸 세 개, 흰 칸 한 개의 타일이 y개 있다고 한다. 또한 $n \times n = n^2$이 4의 배수가 아니면 네 칸짜리 타일로 빈틈없이 깔 수 없으므로, n^2는 4의 배수이다. 게다가 판은 바둑판 모양으로 흑백으로 나누어져 있는데 흰 칸과 검은 칸의 개수는 같고, 각각 전부의 절반의 수이다.

이것을 바탕으로 연립방정식을 세우면 다음과 같다.

$$\begin{cases} 3x+y=\dfrac{1}{2}n^2 \\ x+3y=\dfrac{1}{2}n^2 \end{cases}$$

이 연립방정식에서 위의 식을 세 배하면 다음과 같다.

$$9x + 3y = \frac{3}{2}n^2$$

이 식에서 연립방정식 아래의 식을 빼면, 다음과 같이 전개되면서 x를 구할 수 있다. y에 대해서도 마찬가지다.

$$8x = n^2$$

$$\therefore x = \frac{n^2}{8}, \quad y = \frac{n^2}{8}$$

여기서 $8 = 2 \times 2 \times 2$라는 사실에 주의하자. n이 2×2로 나누어 떨어지지 않으면 x도 y도 정수가 될 수 없다. x와 y는 사물의 개수이니 반드시 정수여야 한다. 즉 n은 반드시 2×2로 나누어떨어져야 한다. 따라서 n은 4의 배수이다.

대단한 증명이라고 생각하지 않습니까?

이것으로 n×n 판을 凸모양의 타일로 빈틈없이 채울 수 있다면, n은 4의 배수라는 사실을 알 수 있다. 반대로 n이 4의 배수라면 n×n 판을 빈틈없이 깔 수 있을까?

이것은 간단한 퍼즐이다. 凸모양 타일 네 개를 한 쌍으로 하면 아래와 같은 4×4의 부품을 만들 수 있다. 이것을 나열해 가면 가로 세로 4의 배수인 판을 빈틈없이 깔 수 있다.

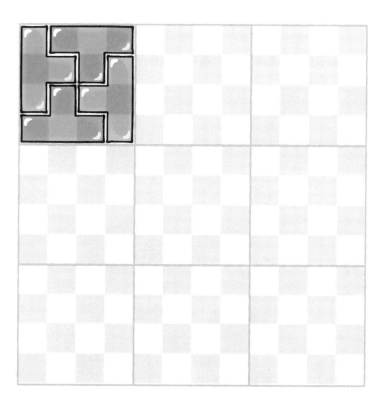

타일로 모양을 만든다

　아래의 그림과 같이 1×4 타일과 2×2 타일을 각각 다섯 개씩 나열해서 만든 '모양' 이 있다. 1×4 타일 하나를 2×2 타일로 바꾸어도 같은 '모양' 을 만들 수 있을까?

　이 모양만이 아니라 여러 모양으로 실험해 보자. 어쩌면 다시 만들 수 있는 모양과 그렇지 않은 모양이 있을지도 모른다.

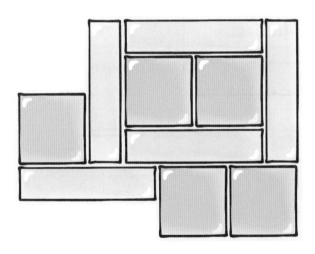

문제 11 을 생각하는 힌트

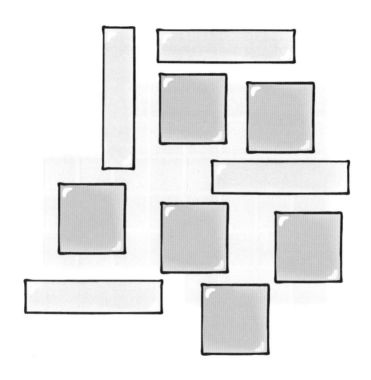

　1×4 타일과 2×2 타일은 모양은 다르지만 면적은 같다. 그래서 하나를 교환해도 다른 타일의 배치를 다시 하면 처음의 모양을 만들 수 있지 않을까? 이렇게 생각하는 것도 무리가 아니다. 그러나 실제는 처음의 모양을 다시 만드는 일은 불가능하다. 그 이유는 무엇일까?

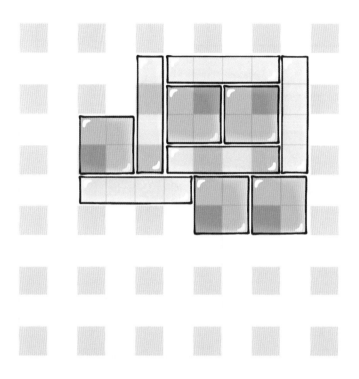

　하지만 무엇을 가지고 생각해야 할지 모를 것이다. 그래서 이제까지 많이 이용해 온 판을 여기서도 사용한다. 단 이 판의 칸은 위의 그림과 같이 색을 달리하고 있다. 그 위에 타일을 올리고 모양을 만들어 보자.

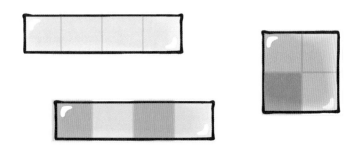

　이것을 보면, 2×2 타일은 파란색 칸을 하나만 덮는다. 한편 1 ×4 타일이 덮는 파란색 칸의 개수는 타일마다 다르다. 단, 그 개 수는 0 혹은 2로 제한된다. 즉 1×4 타일은 파란색 칸을 항상 짝 수 개 덮고 있다.

　이 사실을 바탕으로 타일이 만들고 있는 모양 전체가 덮는 파 란색 칸의 개수가 짝수이면 2×2 타일의 개수도 짝수이고, 홀수 이면 2×2 타일의 개수도 홀수라는 사실을 알 수 있다.

　앞 쪽의 그림에서는 1×4 타일이 다섯 개 있는데, 그중 두 개가 파란색 칸을 두 개씩 덮고 나머지 세 개는 파란색 칸을 덮고 있지 않다. 한편 2×2 타일도 다섯 개 있는데, 그 어느 것이나 파란색 칸을 하나씩 덮고 있다. 따라서 이 타일 전체가 만들고 있는 모양 은 아홉 개의 파란색 칸을 덮고 있다. 9는 홀수이다. 그러므로 2 ×2의 타일도 홀수 개 있다.

　1×4 타일 하나를 2×2 타일로 바꾼다면 어떻게 될까? 원래의 모양을 만들 수 있을지 없을지는 뒤로하고, 타일 전체가 덮는 파

란색 칸의 개수를 확인해 보자. 1×4 타일이 하나 줄어들고 2×2 타일이 하나 늘어난 것으로, 파란색 칸의 개수는 홀수에서 짝수로 바뀐다. 1×4 타일이 덮는 파란색 칸의 개수는 0 혹은 2이므로, 그것이 하나 없어져도 파란색 칸의 개수는 변함없이 짝수이다. 한편 2×2 타일을 하나 추가하면 추가한 타일이 덮는 파란색 칸도 하나 증가한다. 따라서 파란색 칸의 개수가 원래 홀수였다면 짝수, 짝수였다면 홀수로 바뀐다.

처음에 만든 모양이 어떤 것이라고 해도, 하나의 타일을 바꾸면 다시는 같은 모양을 만들 수 없다는 것을 알았다. 처음에 만든 모양 안에 있는 파란색 칸의 개수가 바뀌기 때문이다.

체스 판을
한 바퀴 돈다

그림과 같이 7×7 판이 있다. 셈돌은 상하좌우의 옆 칸으로 이 동하는 것을 반복해서 모든 칸을 통과하고 처음의 위치로 돌아올 수 있을까?

문제 12 를 생각하는 **힌트**

셈돌 대신 아저씨가 달리는 것으로 상상해 보자. 아저씨는 모든 칸을 한 발자국씩 밟고 지나간다. 그리고 처음 칸(왼쪽 위의 모서리)으로 돌아온다.

물론 아저씨는 셈돌과 같은 규칙을 지킨다. 즉 상하좌우 바로 옆 칸으로만 이동한다. 사선으로 가거나 칸을 뛰어넘지는 않는다. 이 상황에서 무엇을 알 수 있을까?

아저씨의 발자국에 주목해 보자. 처음의 한 발자국은 왼발로 흰 칸을 밟는다. 이어서 두 번째는 오른발로 검은 칸을 밟는다. 세 번째는 왼발로 흰 칸……. 즉 아저씨는 흰 칸과 검은 칸을 교대로 밟으면서 걸어가는데 왼발은 항상 흰 칸을 밟고 오른발은 항상 검은 칸을 밟는다. 그리고 마지막에는 출발한 검은 칸을 오른발로 밟고 들어온다.

왼발로 밟은 흰 칸과 오른발로 밟은 검은 칸을 한 쌍으로 생각하면, 아저씨가 지나간 길의 흰 칸과 검은 칸의 개수는 같다. 그런데 문제의 7×7 판에서는 검은 칸이 하나 더 많다. 실제 검은 칸은 25개, 흰 칸은 24개이다. 따라서 아저씨는 모든 칸을 다 밟고 지나가는 일이 불가능하다.

이 생각을 이해했다면, 7×7 판이 아니라도 칸의 개수가 홀수이면 아저씨는 모든 칸을 다 밟고 출발점이었던 칸으로 되돌아올 수 없다는 것을 알 수 있다.

일반적으로 n×m 판 칸의 총수가 짝수가 아닌 것은, 즉 홀수인 것은 n과 m이 둘 다 홀수일 때이다. 이 경우 아저씨는 모든 칸을 다 밟고 출발 지점으로 되돌아올 수가 없다. 이것은 셈돌도 마찬가지다.

반대로 n×m이 짝수일 경우, 즉 n과 m 적어도 한쪽이 짝수일 경우 셈돌은 모든 칸을 다 통과하고 출발점인 칸으로 되돌아올 수 있을까?

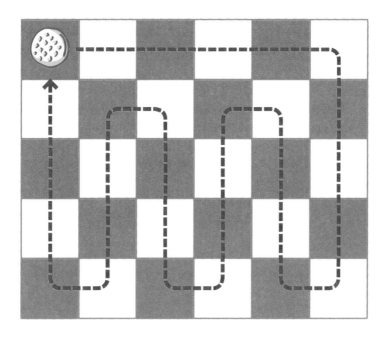

이를테면 앞 쪽의 그림을 보자. 6×5 판이 있다. 점선을 따라 셈돌을 움직이면 모든 칸을 다 통과하고 출발점이었던 칸으로 되돌아올 수 있다. 먼저 오른쪽으로 갈 수 있는 곳까지 갔다가 거기서 지그재그 모양으로 움직임을 반복하면 된다. '올라가는 것'과 '내려가는 것'이 한 쌍이 되어 코스가 완결되는 것은, 가로로 놓인 칸의 개수가 짝수이기 때문이다. 세로로 놓인 칸은 몇 개라도 상관없다.

따라서 n×m이 짝수인 경우, 셈돌은 모든 칸을 통과하고 출발점이었던 칸으로 되돌아온다는 결론이 가능해진다. 단, 이 논법이 성립하기 위해서는 n도 m도 1보다 클 필요가 있다. 실제로 칸이 가로 1열밖에 없다면 되돌아올 수가 없다.

미궁의 수수께끼

아래의 그림과 같은 미궁이 있다. 좋아하는 숫자의 입구에서 들어가 모든 방을 한 번씩 통과하고 좋아하는 보석이 있는 방까지 가 보자. 여러분은 어느 보석을 선택할 것인가?

이를테면 빨간 보석상자가 있는 방으로 갈 때는 초록 보석상자가 있는 방을 지나야만 한다.

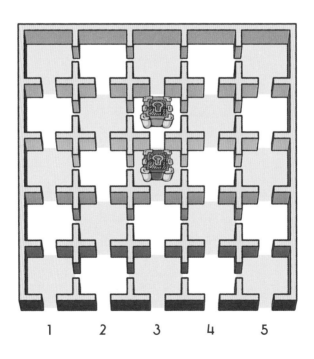

이를테면 빨간 보석상자가 있는 방까지 가려면 아래의 그림과 같이 입구 1에서 진입해서 바깥쪽을 빙글 돌고 안으로 들어가면 된다. 그렇다면 초록 보석상자가 있는 방으로 들어가기 위해서는 어떻게 해야 할까?

사실 어느 입구로 들어가도 초록 보석상자가 있는 방으로는 절대 도달할 수 없다. 도달할 수 없다면 왜 그런 것일까? 역시 이

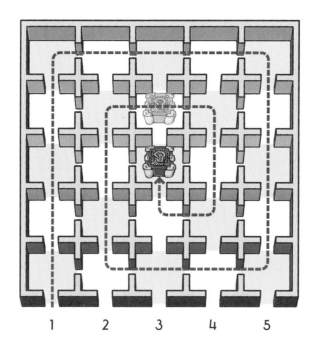

문제에도 방을 노란색과 흰색으로 구분한 것에 수수께끼의 비밀이 숨겨져 있다.

먼저 어느 입구에서 진입해도 노란색 방과 흰색 방을 차례로 통과하게 된다. 실제로 옆쪽 그림의 길을 따라가면, 노란색 방에서 시작해서 노란색 방─흰색 방─노란색 방─흰색 방을 반복하고 마지막에는 빨간 보석이 있는 노란색 방으로 들어간다.

이때 통과하는 노란색 방은 모두 열세 개, 한편 흰색 방은 열두 개이다. 즉 목적지까지 가는 경로를 발견한다는 것은, 열세 개의 노란색 방과 열두 개의 흰색 방을 교대로 나열하는 것과 같다. (아래의 그림을 보라.) 그리고 노란색 방이 흰색 방보다 하나 더 많

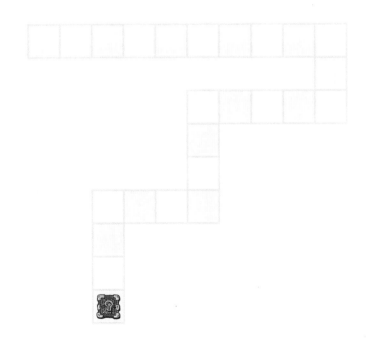

다. 따라서 이 경로의 양 끝은 노란색 방이어야 한다. 노란색 방에서 시작해서 노란색―흰색―노란색―흰색을 반복하다가 마지막에는 노란색이 된다.

　이 사실을 가지고 초록 보석상자가 있는 방으로는 가지 못한다는 것이 명백해졌다. 왜냐하면 초록 보석상자가 있는 방은 흰색이기 때문이다.
　한편 빨간 보석상자가 있는 방은 노란색 방이므로, 입구 2나 입구 4로 들어가면 그 방에는 도달할 수 없다. 왜냐하면 입구 2나 입구 4에서 진입하면 처음에 시작하는 방이 흰색이기 때문이다.
　입구 3이나 입구 5로 들어가면, 처음에 시작하는 방은 노란색 방이다. 여기서 시작하면 빨간 보석상자가 있는 방으로 갈 가능성이 있다. 실제로 이 경로를 발견하는 것은 어렵지 않다.

　그렇다면 빨간 보석상자가 다른 노란색 방에 있다면 그곳까지도 갈 수 있을까? 이것은 간단한 퍼즐이다. 원하는 노란색 방에 빨간 보석상자를 두고 도전해 보자.

직진을 금지하는 길

아래의 그림과 같은 길이 있다. A에서 진입해서 G로 빠져나갈 수 있을까? 단 교점에서는 절대로 직진할 수 없다. 물론 일단 이 길에서 빠져나온 다음 다시 들어가는 일도 안 된다.

H로는 갈 수 있는데, G로는 갈 수 없다. 이상하다! 몇 번 도전한 다음 이런 생각을 하는 사람이 있을 것이다. 안타깝게도 A에서 진입한 다음, 교점에서 절대로 직진하지 않는다면 결코 G로는 나갈 수 없다. 그 이유는 무엇일까?

그 이유를 알기 위해서 여러분 자신이 이 길을 걷고 있는 모습을 상상해 보자.

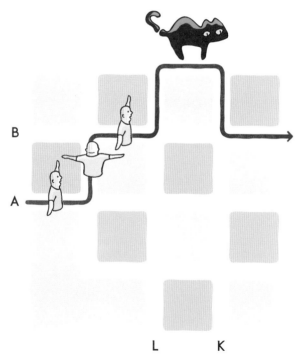

먼저 양팔을 벌리고 A에서 시작한다. 오른팔은 초록색 구역을, 왼팔은 오렌지색 구역을 가리킨다. 걸어서 첫 교점에 이른다.

만약 규칙을 위반해서 이 교점을 직진하면, 교점을 통과한 시점에서 여러분의 오른팔은 오렌지색 구역을 왼팔은 초록색 구역을 가리킨다. 그러나 규칙을 잘 지켜서 좌회전을 하면 각각의 팔이 가리키는 구역의 색은 달라지지 않는다.

옆쪽의 그림과 같이 이 교점에서 좌회전을 하면, 왼팔은 같은 구역을 가리키지만 오른팔은 다른 구역을 가리키게 된다. 그러나 그 구역 역시 처음과 같은 초록색 구역이다. 반대로 우회전을

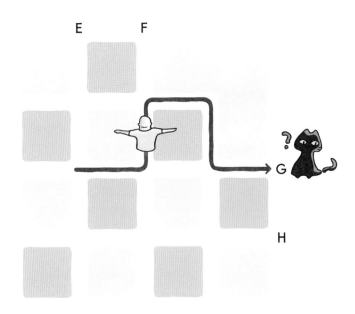

하면 왼팔은 다른 구역을 가리키게 되는데, 이 구역 역시 처음과 같은 오렌지색 구역이다. 오른팔은 계속 같은 구역을 가리키고 있다.

다음 교점에서도 상황은 같다. 직진해 버리면 각각의 팔이 가리키는 구역의 색은 바뀌지만 좌회전 혹은 우회전을 하면 왼팔이 가리키는 구역은 오렌지색이고 오른팔이 가리키는 구역은 초록색 그대로이다. 교점에서는 직진하지 않는다는 규칙을 지킨다면 이 법칙은 계속된다.

즉 어느 길이나 왼쪽에 오렌지색 구역, 오른쪽에 초록색 구역을 보면서 지나간다. 일방통행이라는 지정은 없지만, 이 규칙을 지키면 어느 길이나 실질적으로는 일방통행이 된다.

이 사실을 이해하고 G로 빠져나갈 수 있는 길을 찾아보자. 만약 이 길을 지나서 G로 나갔다면, 여러분은 앞 쪽의 그림과 같이 나가게 된다. 그런데 G로 나가는데 왼쪽은 초록색 구역이고 오른쪽은 오렌지색 구역이다. 어쩐지 이상하다. 위에서 '왼쪽은 항상 오렌지색 구역, 오른쪽은 항상 초록색 구역'이라는 규칙과 모순된다. 따라서 G로는 나갈 수 없다.

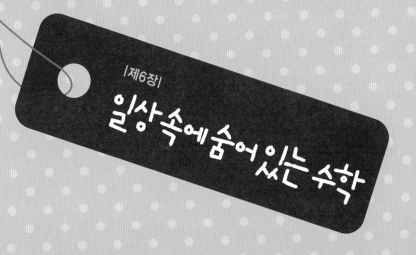

|제6장|

일상 속에 숨어 있는 수학

왜 작은 냄비에
고양이가 들어가
있는 걸까?

지금까지 소개한 문제들을 보면, 재미는 있지만 실생활엔는 도움이 되지 않는다고 생각하는 사람이 적지 않을 것이다. 그러나 이런 문제들을 경험하면서 기른 힘을 가지고 세상을 본다면, 지금까지와는 다른 풍경이 보일 것이다.

이 장에서는 일상 속에 숨어 있는 수학을 소개하고자 한다. 주변의 사물 속에 의외의 발견이 있을 것이고, 거기서 발전한 사고를 토대로 만들어지는 이야기도 있을 것이다.

우유팩의 수수께끼

1000밀리리터의 우유팩 치수를 재 보자. 밑면은 7센티미터×7센티미터의 정사각형이다. 즉 밑면의 면적은 7×7=49센티미터이다. 높이는 19.5센티미터이다. 부피는 밑면 곱하기 높이이므로 이 우유팩의 용적은 다음과 같다.

$$49×19.5=955.5(ml)$$

그런데 이상하다. 1000밀리리터여야 하는데, 1000밀리리터가 되지 않는다. 이유는 무엇일까?

'아마 삼각 지붕 같은 부분에 우유가 들어 있을 거야.'

이렇게 생각하는 사람도 적지 않을 것이다. 그러나 현실은 그렇지 않다. 사실 그 부분을 추가해도 전체의 용적은 1000밀리리터가 되지 않는다. 뿐만 아니라 그 위에까지 우유가 들어 있다면 우유팩을 열었을 때 우유가 쏟아질 것이다.

실제로 구입한 우유팩을 열고 그 안을 보면, 수면은 상당히 밑에 있다. 대체 이것은 무엇을 뜻하는 것일까? 1000밀리리터라고 표시해 놓고, 정작 우유는 1000밀리리터가 들어 있지 않다는 것인가?

그렇지 않다. 구입한 우유팩에서 우유를 쏟아 재 보면 분명 1000밀리리터가 들어 있다.

그렇다면 더욱 궁금해진다. 이 수수께끼는 우유팩을 잘 관찰하면 알 수 있다. 우유팩은 상당히 부풀어져 있다. 즉 우유팩은 직사각형으로 둘러싸인 직육면체가 아니라 그것보다 더 부풀어져 있다는 것이다. 그리고 그 부풀어진 부분에도 우유가 들어 있어서 우유팩 안에는 단순한 곱셈으로 구한 값보다 많은 우유가 들어 있다.

이를테면 길이가 $7 \times 4 = 28$센티미터의 리본으로 정사각형을 만들었다고 상상해 보자. 그 정사각형은 우유팩의 단면적에 해당

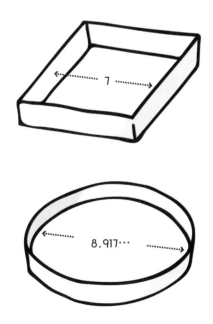

한다. 이것이 부풀어지면 정사각형은 둥글해진다. 그리고 결국 원이 되었을 때 그것을 둘러싼 면적은 최대가 된다.

  구체적으로 이 면적을 구해 보자. 처음의 정사각형 한 변의 길이가 7센티미터이므로 그 면적은 7×7=49제곱센티미터이다. 한편,

$$\text{원둘레의 길이} = \text{지름} \times \text{원주율}$$

이므로 이 원의 지름은, π분의 28은 8.917…이다. 반지름은 그 반이니 π분의 14. 따라서 이 원의 면적은 다음과 같다.

$$\text{반지름} \times \text{반지름} \times \text{원주율} = \left(\frac{14}{\pi}\right)^2 \times \pi = \frac{14^2}{\pi}$$

  그러므로 원의 면적을 정사각형 면적으로 나누면 다음과 같다.

$$\frac{14^2}{\pi} \div 7^2 = \frac{2^2}{\pi} = \frac{4}{3.14\cdots} = 1.27\cdots$$

  즉 정사각형이었던 둘레가 둥글해지면, 면적은 약 30퍼센트 증가하게 되는 것이다. 상당히 큰 수이다.
  물론 우유팩이 부풀었다고 해서 단면의 정사각형이 완전한 원이 될 정도는 아니다. 특히 위쪽이나 아래쪽은 정사각형 그대로

의 모습을 유지한다. 어쨌든 약 5퍼센트만 증가해도 용적은 1000
밀리리터를 초과한다.

$$955.5 \times 1.05 = 1003.275$$

이것을 보니, 우유팩이 부풀면 용적이 증가한다는 사실을 미리
알고 우유팩의 사이즈를 정한 사람이 참으로 존경스럽다.
그렇다면 처음부터 단면이 정사각형이 아닌 원으로 된 우유팩
을 만들면 어떨까? 더 이상 부풀어질 여유가 없으니 용적은 계산
한 그대로가 될 것이다.

생활 속에서 즐기는

문제 2

복사지의
모든 상호관계

여러분이 사용하는 복사지에는 A4, A3, B4, B5라는 사이즈가 있다. A4는 A3를 반으로 접은 크기이고, B5는 B4를 반으로 접은 크기이다. 이렇게 A끼리, B끼리의 관계는 잘 알려져 있지만 A와 B와의 관계는 어떨까? A4와 B4 복사지를 준비하고 각 부분의 길이를 비교하면 재미난 사실을 알 수 있다.

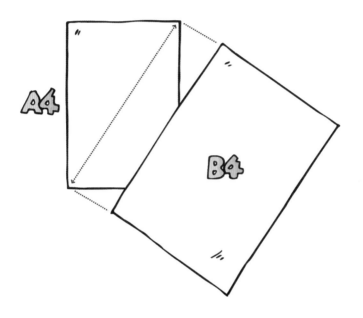

위의 그림과 같이 겹쳐 보자. A4의 대각선과 B4의 긴 쪽의 변이 완벽하게 겹쳐진다. 그 이유는 무엇일까?

수수께끼는 나중에 해명하기로 하고, 복사지의 사이즈가 어떻게 정해지는지 먼저 이야기해 보자. 먼저 A판이나 B판이나 '전지'라고 하는 가장 큰 사이즈가 있다. 그것을 A0, B0라고 하는데, 각각의 크기는 다음 쪽에 제시한 바와 같다. 단위는 밀리미터이다. 그나저나 이 수치는 참으로 어중간한 숫자이다.

A0	841×1189
A1	594×841
A2	420×594
A3	297×420
A4	210×297
A5	148×210

B0	1030×1456
B1	728×1030
B2	515×728
B3	364×515
B4	257×364
B5	182×257

사실 여기에는 깊은 의미가 있다. 이를테면 A0의 경우, 그 면적을 계산하면 다음과 같다.

$$841×1189=999949$$
$$≒1000×1000$$

즉 A0의 면적은 1제곱미터이다. B0는 그 1.5배의 크기이다. 어느 판이나 가로 세로의 수치의 비는 1 : $\sqrt{2}$이다. 따라서 반으로 하면 다음 사이즈의 종이를 만들 수 있다.

이를테면 A4의 가로의 길이를 1이라고 하면 세로는 $\sqrt{2}$가 된다. 이것을 반으로 해서 얻을 수 있는 A5의 가로 길이(짧은 쪽의 길이)는 2분의 $\sqrt{2}$, 세로 길이는 1이다. 그 비율을 계산하면 다음 쪽에 제시한 식과 같다. 이것으로 다시 1 : $\sqrt{2}$가 됨을 알 수 있다.

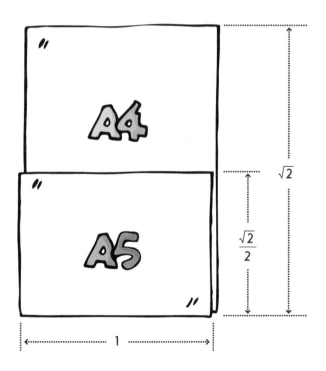

$$\frac{\sqrt{2}}{2} : 1 = \frac{\sqrt{2}}{2} \times \sqrt{2} : 1 \times \sqrt{2}$$

$$= \frac{2}{2} : \sqrt{2}$$

$$= 1 : \sqrt{2}$$

여기서는 A4 용지의 대각선 길이를 구해 보자. 가로가 1이고 세로가 $\sqrt{2}$라고 할 때, 피타고라스의 정리를 이용해서 대각선의 길이를 구할 수 있다. 즉 대각선 길이의 제곱은 다음과 같다.

$$1^2 + (\sqrt{2})^2 = 1 + 2 = 3$$

따라서 대각선의 길이는 $\sqrt{3}$이다.

한편 B4 용지의 면적은 A4의 1.5배이니, 길이는 $\sqrt{1.5}$배일 것이다. 따라서 B4의 세로 길이는 다음과 같다.

$$\sqrt{2} \times \sqrt{1.5} = 2 \times \sqrt{\frac{3}{2}} = \sqrt{3}$$

즉 A4의 대각선 길이와 같다. 그러므로 B4의 세로 길이와 A4의 대각선 길이는 완전히 겹쳐진다.

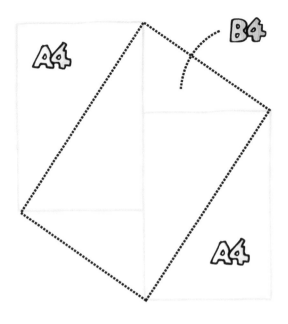

    또한 위의 그림과 같이 A4와 B4를 겹쳐 보면, 분명 B4의 면적이 A4 면적의 1.5배가 되는 것을 알 수 있다. 즉 A4와 A5를 각각 대각선으로 둘로 나누고, 그것을 조합하면 B4가 만들어진다.

명함 속에 숨어 있는 황금비

명함은 복사지와 달리 세로와 가로의 길이 비가 다음과 같이 신기한 값을 가진다.

$$1 : \frac{1+\sqrt{5}}{2} = 1 : 1.61803\cdots$$

이것은 이른바 황금비라는 것인데, 예로부터 균형이 잡힌 아름다운 것에서 찾아볼 수 있는 것이라고 했다. 그렇다면 명함의 세로 가로의 비가 황금비이라서 좋은 점은 무엇일까?

요코하마국립대학 / 이학박사
네가미 세이야

여기서는 명함의 짧은 변을 세로, 긴 변을 가로라고 하자. 실제로 이 길이를 재 보면 세로가 5.5센티미터, 가로가 9.1센티미터이다. 그 비는 황금비에 상당히 가깝다.

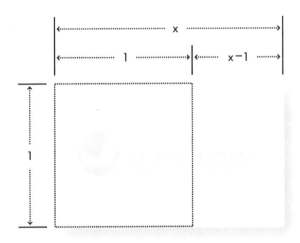

실은 세로 가로의 비가 황금비인 직사각형을 가지고 세로의 변을 한 변으로 하는 정사각형으로 자르면, 나머지 부분 역시 황금비의 직사각형이 되는 성질이 있다. 물론 나머지 부분은 90도 회전한 모양이므로 가로와 세로는 뒤바뀌어 있다.

여기서 세로의 길이를 1이라고 하고 가로의 길이를 x라고 하자. 그러면 한 변이 1인 정사각형을 잘라 낸 나머지 부분의 길이는 다음과 같다. 세로 x-1, 가로 1. 위에서 설명한 황금비의 직사각형 성질을 가지고 보면, 다음과 같은 관계식이 성립한다.

$$1 : x = x - 1 : 1$$

내항끼리 곱한 수치와 외항끼리 곱한 수치가 같다는 비의 성질을 이용해서, 이 식을 방정식으로 바꾸면 다음과 같다.

$$x (x - 1) = 1$$

좌항을 전개하고 1을 이항하면, 우리가 흔히 볼 수 있는 모양의 이차방정식을 얻을 수 있다.

$$x^2 - x - 1 = 0$$

이차방정식의 공식을 이용해서 x를 구하면 다음과 같다.

$$x = \frac{1 \pm \sqrt{5}}{2}$$

'−'를 하면 값이 음의 수가 되므로, 여기서는 '+'가 답이다.

이런 황금비가 들어 있는 명함을 이용해서 공작을 해보자. 명함을 세 장 준비한 후 먼저 각각 아래의 그림과 같이 칼집을 넣는다. 그것을 가지고 조립하면 다음 쪽의 그림과 같은 입체가 만들어진다.

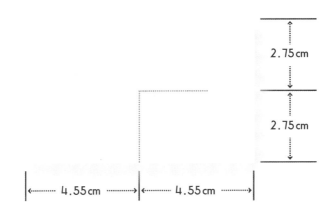

칼집을 넣는 가로 세로의 길이는 각각 2.75센티미터

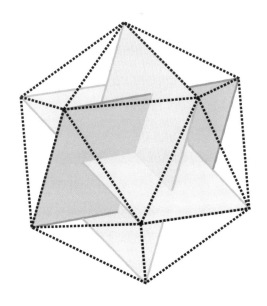

　이런 세 개의 평면이 모인 모양을 만든다면, 어떤 직사각형이
라도 가능하다. 그러나 명함은 황금비로 이루어져 있기 때문에,
명함의 각(4×3=12개)이 정이십면체의 꼭짓점과 같은 배치를 이
룬다.

500밀리리터 캔 맥주

　여기에 500밀리리터의 캔 맥주가 있다. 이 캔의 가로 길이와 둘레 길이 중 어느 쪽이 더 길까?

　각각의 길이를 잴 수 있다면 답은 간단하게 알 수 있다. 그러나 술을 마시는 자리에 길이를 재는 도구 같은 것은 가지고 있지 않을 것이다. 그런데 도구가 없어도 훌륭하게 답할 수 있는 방법이 있다. 어떻게 하면 될까?

답은 보는 바와 같다. 이것으로 세로의 길이보다 둘레의 길이
가 더 길다는 것을 알 수 있다. 왜일까?

먼저 캔 세 개를 나란히 세웠다. 그 폭은 캔의 지름의 세 배이
다. 여기서 다음 공식을 기억해야 한다.

$$원주의\ 길이 = 지름 \times 원주율$$

원주율의 값이 3.14…이므로, 약 3이다. 이것은 캔 세 개를 나
열한 폭이 바로 캔의 둘레 길이와 같다는 것을 의미한다. 그 위에
캔을 옆으로 눕혀 보면, 캔의 세로 길이와 둘레 길이를 직접 비교
할 수 있다.

정육면체 달력

정육면체를 두 개 나열해서 날짜를 나타내는 달력을 본 적이 있는가? 각각의 정육면체의 여섯 개 면에는 한 자리의 숫자가 적혀 있다. 그 숫자 두 개를 짜 맞추어서 1에서 31까지의 수를 만든다. 날짜가 한 자리 수일 때는, 십의 자리에 0을 둔다.

그렇다면 각각의 정육면체에 숫자를 어떻게 배치해야 할까? 퍼즐처럼 생각해 보면 신기한 사실을 알게 될 것이다.

먼저 11일과 22일이 있으므로, 1과 2는 양쪽의 정육면체에 다 들어가야 한다. 하나의 정육면체의 면은 여섯 개이므로, 1과 2를 기록한 다음 나머지 네 개의 숫자를 기입한다. 한편 1과 2 이외의 숫자는 3, 4, 5, 6, 7, 8, 9, 0 이렇게 여덟 개이다. 따라서 여덟 개의 숫자를 네 개씩 두 개의 정육면체에 기입한다.

3, 4, 5, 6과 7, 8, 9, 0으로 나누어서 기입해 보자. 이 때 09, 08, 07은 만들 수 없다. 다른 한쪽에 기입을 하면, 역시 0과 같은 그룹에 속한 숫자로는 한 자리 수의 날짜를 만들 수 없다. 그러면 목적을 달성하지 못하는 게 아닌가…….

01	02	03	04	05	06	07
08	09	10	11	12	13	14
15	16	17	18	20	21	22
23	24	25	26	27	28	29
30	31					

그러나 정육면체 달력은 실제로 상품으로 판매되고 있다. 대체 어떻게 만들었을까?

사실 이 수수께끼를 해명하는 열쇠는 우리들이 사용하고 있는 숫자의 모양에 있다. 6과 9이다. 6을 거꾸로 하면 9가 된다. 즉 6

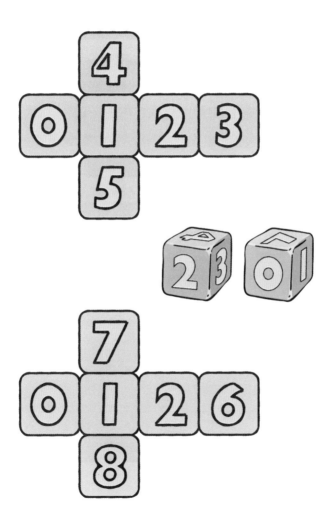

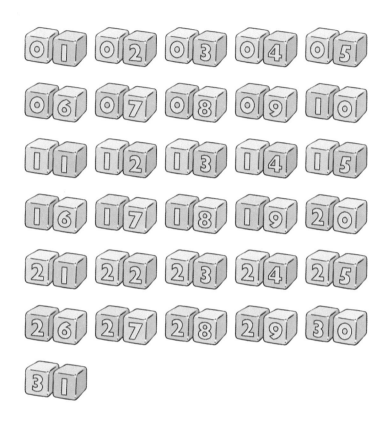

을 9의 대용품으로 쓰는 것으로 0을 두 군데에 다 기입할 수 있다. 이를테면 앞 쪽의 그림처럼 숫자를 기입해 보자. 위의 그림을 참고로 모든 날짜가 실현되는지 확인해 보자.

터치패널의 비밀

일본에서는 최근 지하철 발매기가 모두 터치패널을 이용하는 것으로 바뀌고 있다. 화면상의 버튼을 터치하면 원하는 티켓을 구입할 수 있다. 그렇다고 그 버튼이 눌려지는 것은 아니다. 실은 이 버튼을 누르지 않아도 원하는 티켓을 선택할 수 있다.

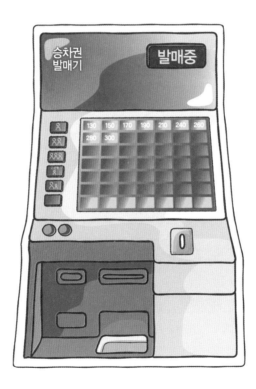

이를테면 240엔의 티켓을 구입하고자 하면, 아래의 그림과 같
이 240 버튼의 바로 아래와 바로 옆 가장자리를 손가락으로 동시
에 눌러 보자. 마치 누르고 싶은 버튼의 x좌표와 y좌표를 읽는
것과 같다. 그러면 240 버튼을 직접 누르지 않았음에도 버튼이
점멸하면서 티켓이 나온다. 물론 돈을 넣은 다음의 이야기이다.
대체 어떻게 이런 일이 가능할까?

실은 터치패널에는 눌린 부분의 압력을 감지해서 위치를 파악
하는 타입과 그렇지 않은 타입이 있다. 일본 지하철 발매기의 터
치패널의 화면은 압력을 감지하는 것 같지 않으니 후자일 것이다.

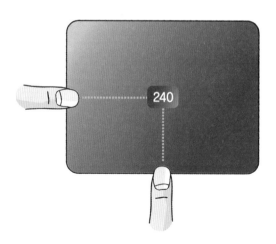

압력을 감지하지 않는 타입의 터치패널의 가장자리에서는 전파 같은 것이 나오는데, 어느 부분이 차단되는가를 감지하고 위치를 파악한다. 즉 세로 방향으로 날아오는 전파와 가로 방향으로 날아오는 전파가 있는데, 터치패널의 화면에 손가락을 세우는 것으로 그 전파를 차단한다. 그러면 반대 측의 테두리까지 전파

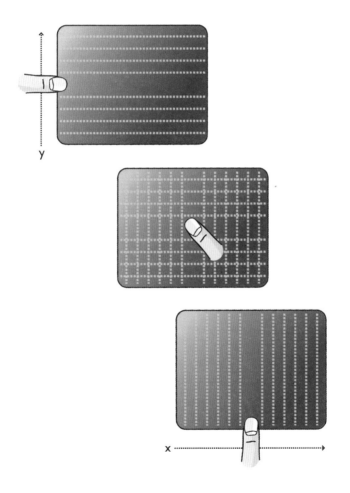

가 도달하지 않는 부분이 생긴다. 세로 방향의 전파가 차단되는 눈금을 x좌표, 가로 방향의 전파를 차단하는 눈금을 y좌표라고 생각하면 목적한 위치의 좌표(x, y)를 알 수 있다.

따라서 전파를 차단하는 부분이 같은 위치가 되도록 손가락을 세우면 같은 좌표가 검출된다. 물론 하나의 손가락으로는 같은 위치를 만지는 방법밖에 없다. 그래서 두 개의 손가락을 이용하는 것이다.

이런 터치패널의 원리를 안다면 화면 버튼을 꾹꾹 세게 누르는 것은 아무 의미 없다는 것을 알 수 있다. 여기서 말한 방법을 시험하고자 한다면, 줄을 서서 기다리는 사람이 없을 때 시도해보기 바란다. 상당히 섬세한 기계라 실패하는 일도 많기 때문이다.

생활 속에서 즐기는

문제 7 네비게이션의 구조

최근에는 네비게이션이 설치된 자동차가 많다. 운전자의 차가 어디에 있는가를 지도 위에 표시하면, 운전자가 가고 싶은 곳까지의 길을 안내해 준다. 대체 네비게이션은 어떻게 차의 위치를 파악하는 것일까?

차의 위치를 파악하기 위해서는 네 개의 위성이 활약하고 있다. 네 개의 위성에서 보내진 전파를 이용해서 거리를 측정하고 차의 위치를 파악하는 것이다.

예를 들어 평면상에서 전파를 내는 기지는 두 군데가 있다. 운전하는 차가 평면 위를 달리고 있다고 하자. 여러분이 타고 있는 차의 네비게이션은 기지에서 보내진 전파를 이용해서 차에서 기지까지의 거리를 계산한다.

이 상황에서 차의 위치가 지도상 어디에 있는가를 파악하기 위

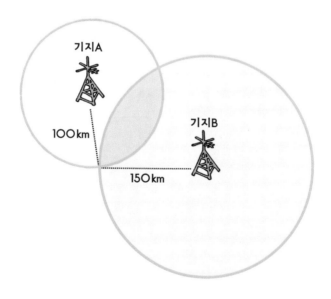

해서는 어떻게 해야 할까? 이를테면 차는 기지A에서는 100킬로미터, 기지B에서는 150킬로미터의 장소에 있다고 하자. 그리고 손에는 종이에 인쇄된 지도가 있다고 하자. 그리고 컴퍼스도 준비되어 있다.

여기서 축척을 생각해서 컴퍼스의 다리를 100킬로미터에 상당하는 만큼 벌리고, 기지A를 중심으로 원을 그린다. 당연 기지B를 중심으로 반지름 150킬로미터에 상당하는 원도 그린다. 두 개의 원은 두 점에서 교차한다. 그 두 개의 교점 중 어느 한쪽에 여러분의 차가 있다.

그러나 여기서의 정보만으로는 어느 교점에 있는지 파악할 수가 없다. 그래서 또 하나의 전파를 보내는 기지C가 필요하다. 그 기지로부터의 거리를 계산하고 원을 그리면, 어느 점이 여러분의

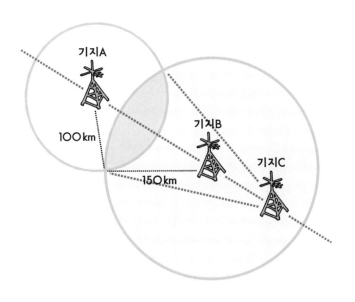

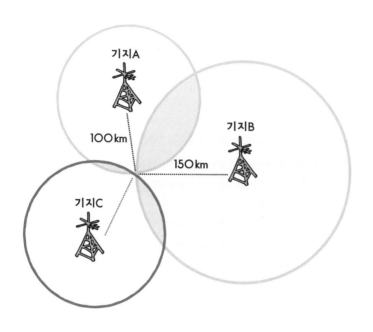

기지A

100 km

기지B

150 km

기지C

차의 위치인지를 알 수 있을 것이다.

이렇게 말하고 싶지만 기지C가 기지A와 기지B를 잇는 직선위에 있다면 알 수 없다. 기지C에서 처음에 그린 두 개 원의 교점 두 개까지의 거리가 둘 다 같기 때문이다. 이 경우, 어느 쪽이 정답인지 판단할 수가 없다.

따라서 기지C는 기지A와 기지B를 잇는 직선상에 없고, 세 개의 기지가 삼각형을 이루는 배치여야 한다.

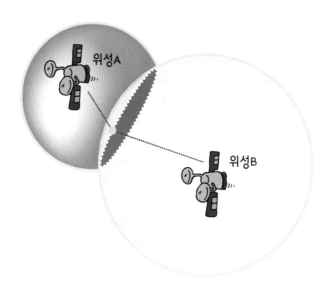

이와 같은 것을 공간에서 생각해 보자. 우주 공간에 정지하고 있는 위성A와 위성B가 있다고 하자. 거기서 보내는 전파를 가지고 여러분의 차까지의 거리를 계산한다. 이 계산 결과를 가지고 각각의 위성을 중심으로 거기에서 여러분의 차까지의 거리를 반지름으로 하는 원을 그린다. 이번에는 공간이기 때문에 원이 아니라 구면으로 생각해야 한다.

이 두 개의 위성을 중심으로 하는 구면은 하나의 원을 만들면서 교차된다. 따라서 그 원둘레를 이루는 무한 개의 점이 여러분의 차가 있는 위치의 후보지가 된다.

여기서 제3의 위성C를 생각해 보자. 역시 위성C에서 여러분의 차까지의 거리를 계산하고, 위성C를 중심으로 그것을 반지름으로 하는 구면을 생각해 보자. 그러면 그 구면은 처음 두 개의 구면이 교차해서 만든 원 위 두 점에서 교차된다. 이것으로 여러분의 차가 있는 위치의 후보지가 두 군데로 좁혀지는 것이다.

여기서 또 하나의 위성D를 생각해 보자. 위성D에서 여러분의 차까지의 거리를 반지름으로 하는 구면을 생각하면, 이것으로 여러분의 차의 위치는 하나로 결정된다.

물론 네비게이션 기계 안에서 구면을 그릴 수는 없다. 어디까지나 방정식을 이용해서 그것을 표현하는 것이다. 이를테면 중심의 좌표가 (a ,b, c)이고 반지름이 r인 구면의 방정식은 다음과 같다.

$$(x-a)^2+(y-b)^2+(z-c)^2=r^2$$

즉 (a, b, c)에 위성의 좌표, r은 그 위성에서 차까지의 거리이라고 할 때, 차가 있는 위치의 좌표 (x, y, z)는 위의 방정식으로 충족된다. 위성이 네 개 있다면 이런 방정식도 네 개이다. 그 네 개의 식으로 이루어지는 연립방정식을 풀면 여러분의 차가 있는 위치의 좌표를 구할 수 있다.

그러나 실제로는 전파가 여러분의 차에서 위성 사이를 왕복하는 시간 등도 고려되니, 사차원 공간 속에서 논의해야 한다.

네비게이션에는 이런 GPS 기능 이외에도, 목적지까지의 경로를 탐색하는 구조나 컴퓨터그래픽을 이용해서 마을을 입체적으로 표시하는 구조 등 수학을 구사하지 않으면 실현할 수 없는 기능이 가득 들어 있다.

내게 맡겨 라~

신용카드의 회원번호

신용카드의 표면에는 16자리의 숫자가 새겨져 있다. 이것이 회원번호이다. 만약 인터넷으로 물건을 구입할 때, 그 회원번호의 한 자리 수의 숫자를 잘못 입력했다면 어떻게 될까?

누군가 다른 사람이 물건을 구입한 것으로 처리될까?

당연히 걱정할 필요가 없다. 여러분의 회원번호와 한 자리 수의 숫자가 다른 회원번호를 가지고 있는 사람은 이 세상에 존재하지 않는 구조이기 때문이다.

실은 입력한 번호가 '정당한 것'인지 아닌지는 다음과 같은 알고리즘(룬Luhn의 알고리즘)으로 판명된다.

STEP 1 일의 자리에서부터 홀수 번째의 숫자는 그대로, 짝수 번째의 숫자는 두 배한다.

STEP 2 만약 10이 넘는 수가 등장하면, 일의 자리 수와 십의 자리 수를 더해서 한 자리 수를 만든다.

STEP 3 이렇게 해서 얻어지는 수를 모두 더한다.

STEP 4 그 합계가 10으로 나누어떨어지면 '정당', 그렇지 않으면 '부당'이라고 판단한다.

계산이 어려우므로 회원번호가 네 자리수라고 가정해 보자. 이를테면,

③⑤⑦④ 라는 번호가 입력되면……

알고리즘은 옆쪽에서와 같이 실행해서, 최종적으로 그 번호가 정당한 회원번호라고 판정한다.

시험 삼아 이 번호 중 하나만 다른 수로 바꾸어서 알고리즘을 실행해 보자. 어떤 수로 바꾸어도 반드시 STEP④에서 합계의 답이 10으로 나누어떨어지지 않는 수, 즉 일의 자리가 0이 아닌 수가 만들어질 것이다.

회원번호가 16자리의 경우에도 상황은 같다. 여러분이 회원번호 중 숫자 하나만 잘못 입력해도, 바로 부당한 번호라고 판명되어 재입력을 요구한다.

3 5 7 4 입력된 번호

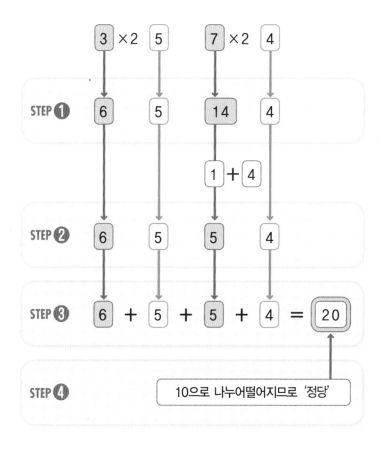

이렇게 입력 에러가 검출되는 것은 STEP①과 STEP②에서 만든 한 자리 수의 숫자 변환이 다음과 같이 되기 때문이다.

$$0 \times 2 \longrightarrow 0 \qquad 5 \times 2 \longrightarrow 10 \dashrightarrow 1+0 \longrightarrow 1$$

$$1 \times 2 \longrightarrow 2 \qquad 6 \times 2 \longrightarrow 12 \dashrightarrow 1+2 \longrightarrow 3$$

$$2 \times 2 \longrightarrow 4 \qquad 7 \times 2 \longrightarrow 14 \dashrightarrow 1+4 \longrightarrow 5$$

$$3 \times 2 \longrightarrow 6 \qquad 8 \times 2 \longrightarrow 16 \dashrightarrow 1+6 \longrightarrow 7$$

$$4 \times 2 \longrightarrow 8 \qquad 9 \times 2 \longrightarrow 18 \dashrightarrow 1+8 \longrightarrow 9$$

즉 이 변환에서는 0에서 9까지의 열 개의 수가 같은 열 개의 수로 변환된다. 그래서 하나만 잘못 입력하면 STEP③에서 더해지는 수도 하나 달라진다. 하나의 수가 다른 하나의 수로 바뀌는 것이니, 그 덧셈의 답은 1에서 9까지의 범위를 왔다 갔다 한다.

본래는 일의 자리가 0이어야 하는데, 하나 잘못 입력하면 일의 자리 수가 1에서 9까지의 수 중 어느 하나가 된다. 따라서 이 경우에는 STEP④에서 '부정'이라는 판결을 내린다.

문제 9 포장도로의 블록

동네에서 볼 수 있는 포장도로의 블록에는 여러 가지 모양이 있다. 대개 정사각형이나 직사각형을 기본으로 하는 것이 많다. 그렇다면 다음에 제시한 모양 중 블록으로 이용할 수 있는 것은 어느 것일까? 어느 블록이나 뒤집어서 사용할 수는 없다.

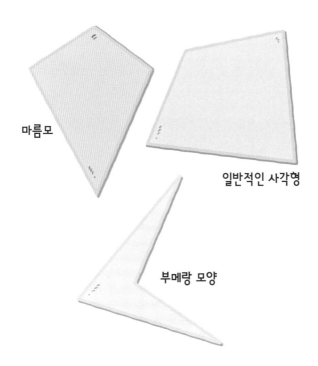

마름모

일반적인 사각형

부메랑 모양

실은 어느 모양이나 다 포장도로를 빈틈없이 깔 수 있다. 어쨌든 실제로 각각의 블록을 빈틈없이 깐 모습을 보자.

먼저 마름모. 이것은 그냥 나열하기만 하면 된다. 물론 모든 것을 같은 방향으로 깔 수는 없다. 180도 회전시킨 것을 섞으면 깔끔하게 깔 수 있다.

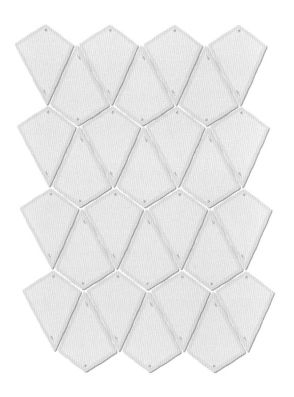

이어서 일반적인 사각형. 수학 선생님이 증명 문제를 설명할 때 칠판에 그릴 것 같은 모양이다. 이 블록을 빈틈없이 까는 방법을 발견하는 데 조금 고생한 사람도 있을 것이다. 그러나 마름모와 마찬가지로 180도 회전한 것을 옆에 오게 하면 아래와 같이 빈틈없이 깔 수 있다.

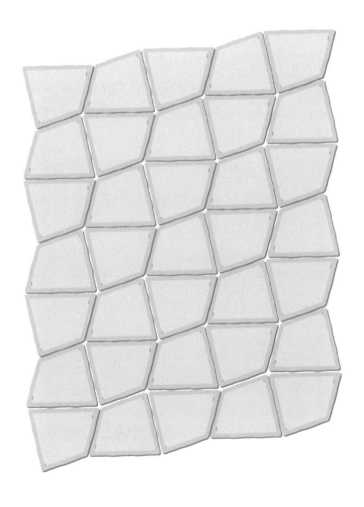

마지막으로 부메랑 모양. 이것도 사각형이기는 하지만 볼록 다각형이 아니다. 뾰족한 각을 가지고, 내각이 180도를 초과하는 부분도 있다. 그래서 이것으로는 빈틈없이 깔 수 없을 것이라고 생각하는 사람도 많을 것이다. 그러나 현실은 아래와 같이 빈틈없이 깔 수 있다. 여기서 하나의 타일을 대각선으로 나누고 색을 칠해 보았다. 여기에 평행사변형이 숨어 있음을 알 수 있다.

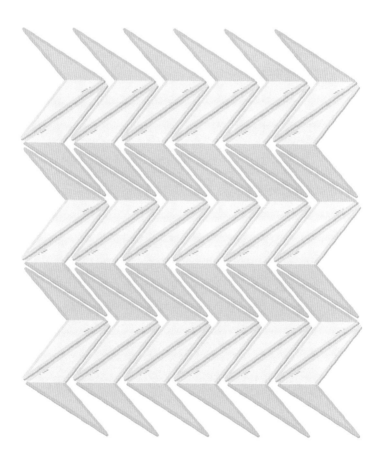

문제 10 칵테일 글래스

　이제 마지막 문제이다. 여기까지 오느라 여러분의 머리가 상당히 힘들었을 것 같아서 스페셜 드링크를 준비했다. 여러분이 선택한 잔에 그것을 가득 담아 드리겠다.

　둘 중 어느 잔을 선택하겠는가?

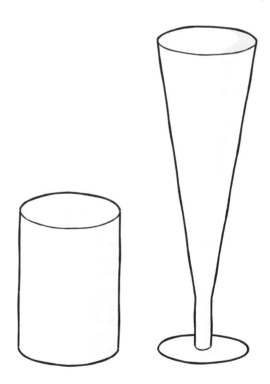

당연히 여러분은 스페셜 드링크를 조금이라도 많이 마시고 싶다고 생각할 것이다. 옆쪽과 같이 세 개의 잔이 나열되어 있다면 가장 키가 작은 왼쪽의 잔은 선택하지 않을 것이다. 물론 그 잔의 용량이 가장 작기 때문이다.

여기서 원기둥과 원뿔의 부피를 구하는 방법을 기억해 주기 바란다.

$$원기둥의\ 부피 = 밑면적 \times 높이$$

$$원뿔의\ 부피 = 밑면적 \times 높이 \times \frac{1}{3}$$

즉 원뿔의 부피는 밑면적과 높이가 같은 원기둥 부피의 3분의 1과 같다.

오른쪽의 원뿔을 거꾸로 한 모양의 잔과, 높이가 그 3분의 1인 오른쪽의 원기둥 모양의 잔은 그 용적이 같다. 그것보다 키가 큰 가운데 잔의 용적이 가장 크다. 여기서 여러분이 선택할 잔은 당연히 왼쪽의 원기둥 잔일 것이다.

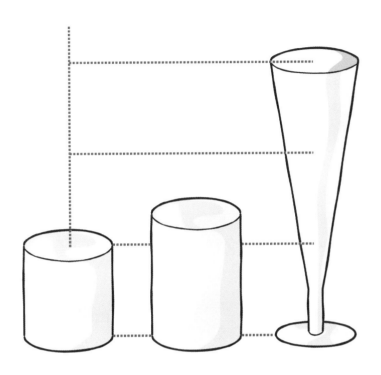

이렇게 보니 원뿔 모양의 잔은 멋있어 보이지만, 손해를 보고 있다는 느낌이 들 것이다.

꼼꼼하게 따져 봐야
손해 보지 않는다고…

수학 시크릿

초판 1쇄 발행 | 2009년 2월 6일
초판 2쇄 발행 | 2009년 5월 8일

지 은 이   네가미 세이야
옮 긴 이   고선윤
책임편집   나희영
디 자 인   김경아·전지은

펴 낸 곳   바다출판사
펴 낸 이   김인호
편 집 인   정구철
주   소   서울시 마포구 서교동 403-21 서흥빌딩 4층
전   화   322-3885(편집), 322-3575(마케팅부)
팩   스   322-3858
E-mail   badabooks@gmail.com
출판등록일   1996년 5월 8일
등록번호   제 10-1288호

ISBN 978-89-5561-478-7   03410